Aselmeier | Brauch | Dietrich | Schüle

Der landwirtschaftliche Familienbetrieb

Stärken nutzen, Herausforderungen meistern

Inhalt

6 Familienkonflikte

7 Konfliktfeld Betrieb

8 Miteinander

Familie und Betrieb

Worum es in diesem Buch geht

Das Besondere an einem landwirtschaftlichen Familienbetrieb liegt vor allem in der Nähe zwischen Betrieb und Familie. Zum einen sind diese zumeist räumlich nicht oder kaum getrennt, zum anderen sind in landwirtschaftlichen Betrieben oftmals die Familienmitglieder gleichzeitig Arbeitskräfte. So scheint manche Einheirat in einen landwirtschaftlichen Betrieb die Frau automatisch zur Buchhalterin des Betriebes zu machen. In Betrieben mit Fremdarbeitskräften gehört es oft dazu, dass diese eine Mahlzeit am Tag am Tisch der Familie einnehmen, insbesondere in Arbeitsspitzen und an Wochenenden kann man kaum genügend helfende Hände haben. Dann stehen manchmal alle Kinder im Stall, der Onkel unterstützt beim Bau, die Geschwister helfen bei der Ernte, und die Großmutter kocht für die gesamte Belegschaft. Das spiegelt sich sogar in der landwirtschaftlichen Unfallversicherung wider: Alle Helfenden sind bei der landwirtschaftlichen Unfallversicherung mitversichert. Das gilt sogar für Kinder unter 14 Jahren, das gibt es so in keinem anderen Berufsstand.

Eine weitere Besonderheit: Unfälle im Haushalt gelten in landwirtschaftlichen Betrieben als Arbeitsunfälle, auch das finden wir sonst nirgendwo. Das ist ein Hinweis darauf oder auch eine Anerkennung dafür, wie eng das System Familie und Betrieb in landwirtschaftlichen Familienbetrieben verzahnt sind.

**Aus Gründen der besseren Lesbarkeit wird im Text verallgemeinernd das generische Maskulinum verwendet. Diese Formulierungen umfassen gleichermaßen weibliche und männliche Personen; alle sind damit selbstverständlich gleichberechtigt angesprochen.*

Was versteht man unter einem System?

Ein System ist eine Gesamtheit von Elementen, die aufeinander bezogen und als nach außen hin abgegrenzte Struktur organisiert sind. Geht es um Systeme, an denen sich Menschen beteiligen, sind diese die sogenannten „Elemente". Wenn wir also davon sprechen, dass Familie und Betrieb zwei unterschiedliche, miteinander gekoppelte Systeme sind, bedeutet das, jedes dieser beiden Systeme hat eine eigene Struktur, nach der es organisiert ist. Diese Besonderheit prägt, färbt und bestimmt den Alltag landwirtschaftlicher Familienbetriebe.

Die Struktur bestimmt zum Beispiel, wie man innerhalb eines Systems miteinander umgeht, miteinander spricht, welche Werte wichtig sind, welche Ziele das System verfolgt, wofür wer Anerkennung bekommt und wie diese aussieht und nach welchen Gerechtigkeitskriterien gehandelt wird. Vermischen sich die beiden Systeme, kann es sein, dass Verhaltensweisen, die für das eine System vollkommen gerechtfertigt sind, in dem zweiten System für Empörung, Verletzung oder sogar Zusammenbruch sorgen.

Wie genau sieht das nun aus, wenn sich Betriebsinteressen und Familieninteressen vermischen?

Ein alltägliches Beispiel ist, dass sich eingeheiratete Frauen in der Beratung oft darüber beschweren, dass sie nur dann anerkannt werden, wenn sie im Betrieb mitarbeiten oder auch, dass nur über den Betrieb geredet wird. Oftmals wird das System Familie zugunsten des Systems Betrieb in den Hintergrund gestellt. Manchmal ist das sinnvoll, wenn zum Beispiel der Urlaub auf den Spätsommer oder Winter gelegt wird. Dass der Betrieb immer Vorrang hat, ist oft aber auch pure Gewohnheit, die das System Familie schwächt und die daran beteiligten Menschen leiden lässt.

Oft ist es pure Gewohnheit, dass der Betrieb immer Vorrang hat. Das System Familie kann davon aber extrem geschwächt werden. Wie so oft im Leben, kommt es auf das Gleichgewicht an.

Das gilt auch umgekehrt: Auch der Betrieb kann darunter leiden, wenn das System Familie immer die Spielregeln vorgibt, zum Beispiel scheuen viele Betriebsleiter formelle Arbeitsbesprechungen. Wenn dann noch die Idee aufkommt, dass ein Protokoll sinnvoll wäre, ist der Widerspruch groß. *„Wir sprechen doch ständig miteinander!"* Ja, zwischen Tür und Angel – wer vergisst da nicht einmal eine für den Betrieb wichtige Nachricht. Ja, zu zweit und der dritte bekommt nichts mit.

Welche gefühlsmäßigen Schwierigkeiten und fatalen Folgen die enge Kopplung von Familie und Betrieb mit sich bringen kann, wird auch am Thema Hofübergabe und weichende Erben deutlich. Für die Zukunftsfähigkeit des Betriebes wäre es zumeist am besten, wenn ein Kind den Betrieb weiterführt und alle bisherigen Einnahmen für nötige Investitionen zur Verfügung hat. Daran gingen jegliche zwischenmenschlichen Beziehungen zwischen den Geschwistern zugrunde. Nach dem Gerechtigkeitsprinzip der Familie haben die Eltern zumeist das Bedürfnis, dass ihr

Erschaffenes zwischen allen Kindern gleich aufgeteilt wird. Daran ginge der Betrieb zugrunde.

Familie und Betrieb: zwei Systeme mit unterschiedlicher Struktur

Thema	System Familie	System Betrieb
Funktion	Aufrechterhalten emotionaler Bindungen (Liebe, Fürsorge, Loyalität)	Den Gesetzen der Ökonomie folgen (Umsatz, Gewinn, Produktivität)
Anerkennung	Aufgrund der Person	Aufgrund der Leistung
Wichtig ist	Die einzelne Person	Funktion und Kompetenz der Personen
Zugehörigkeit	Aufgrund von Geburt (Ausnahme: Einheirat, Adoption), unkündbar	Dauer selbst bestimmbar, mit Beginn und Ende, freiwillig
Förderung	Gemäß der Bedürfnisse	Gemäß der Leistung
Ziel der Kommunikation	Bindung herstellen	Entscheidungen treffen
Kommunikationswege	Mündlich, wenig formalisiert	Formalisiert, schriftlich, sachorientiert
Währung	Liebe, Treue, Unterstützung	Arbeitskraft, Engagement, Kompetenz
Ausgleich über	Anerkennung, Wertschätzung	Geld, Lohn
Entscheidungen	Über Einigung	Hierarchisch, bürokratisch oder expertendominiert
Gerechtigkeitslogik	Gleichheit / Bedürftigkeit	Leistungen nach Fähigkeiten und Einsatz

Diese Unterschiede gilt es zu beachten, gerade in Zeiten wie diesen,

- in denen sich Betriebe vergrößern,
- mehr Fremdarbeitskräfte führen,
- in denen es dem Betrieb guttut, wenn einer der Partner ein Einkommen außerhalb des Betriebes erwirtschaftet,
- in denen Produktion und Maschinen spezifischer werden,
- die Handarbeit abnimmt
- und die Vermarktung eine große Rolle in der Betriebsführung spielt.

In Zeiten, in denen sich Betriebe und die Menschen, die auf ihnen leben, fragen müssen: „*Machen wir weiter? Und wenn nicht, was dann?*“, gerät man immer wieder an Schwierigkeiten und Grenzen durch diese „Personalunion“, zugleich macht gerade auch das die Stärke von Familienbetrieben aus. Nirgendwo sonst habe ich so viel Rückhalt für den Betrieb, auch in Krisenzeiten, und dieses gemeinsame Projekt kann auch die Familie stärken, da es alle etwas angeht und der Familie eine gemeinsame Identität gibt.

Die Blickwinkel der Autoren

Die Verzahnung der beiden Systeme und der Umgang damit ist der Fokus dieses Buches. Unser Anliegen ist es, einen Beitrag zu leisten, die Wirtschaftsform Familienbetrieb als Stärke und Ressource sehen und nutzen zu können. Wir betätigen uns dazu als Chirurgen und erlauben uns, die zwei Systeme für den Augenblick dieses Buches sorgfältig zu trennen. Das ermöglicht uns, einen möglichst ehrlichen und genauen Blick auf die Innereien zu werfen.

Keine Angst – wir sorgen uns auch um eine gute Verbindung beider Systeme, „denn trenne nicht, was zusammengehört". Dennoch: Machen Sie sich darauf gefasst: Es könnte sein, dass Sie nach der Lektüre dieses Buches das eine oder andere in ihrem Familienbetrieb an einen neuen Platz sortieren werden und mit einem Mal den Eindruck haben, dorthin passt das viel besser und drückt gar nicht mehr so wie zuvor ...

Auf dieses Innere nun schauen wir Autoren aus unserem eigenen, besonderen und individuellen Blickwinkel:

Rolf Brauch, evangelische Landeskirche in Baden, konzentriert sich dabei vor allem auf die betriebswirtschaftlichen Aspekte der landwirtschaftlichen Familienbetriebe, während Maike Aselmeier, freischaffende Beraterin, insbesondere die inneren Vorgänge der daran Beteiligten wahrnimmt. Pfarrer Dietrich, Erzdiözese Freiburg, verbindet das alles mit dem Großen und Ganzen, dem Göttlichen und dem Philosophischen, während Eva-Maria Schüle, Familie & Betrieb e. V., ganz besonders das interessiert, was zwischen den Menschen abläuft und das vor dem Hintergrund ihrer langjährigen Beratungstätigkeit betrachtet.

Vielleicht überlegt jetzt mancher Leser, ob diese Mischung nicht geradezu explosiv ist. Das glauben wir nicht und haben deswegen gemeinsam ein Buch geschrieben. Wenn Sie es jetzt zu lesen beginnen, werden Sie entdecken, dass wir diese unterschiedlichen Perspektiven immer wieder miteinander ins Spiel bringen. Wir sind der Überzeugung, dass dort, wo verschiedene Blickwinkel zusammenkommen, neue Perspektiven entstehen, darum ergänzen sich in den Beiträgen die Perspektiven und Stile der Autoren. Wenn sich unsere Meinungen auch mal widersprechen, ist doch keine alleine die wirkliche Wahrheit, und erst im Zusammenführen der unterschiedlichen Sichtweisen können wir uns der Wahrheit ein wenig nähern. Daraus entsteht ein ganzheitlicher Blick, denn das Ganze ist mehr als die Summe seiner Teile. Es geht um das UND, vom *entweder oder* zum *sowohl als auch*.

Somit haben also vier Autoren dieses Buch geschrieben. Sie werden in den Kapiteln immer wieder das Wort „ich" finden, denn, wenn wir auch eng zusammengearbeitet haben, sind wir doch unterschiedliche individuelle Menschen mit eigenen Auffassungen und Meinungen. Wir haben uns bewusst dagegen entschieden, den einzelnen Kapiteln unsere Namen zuzuordnen. So unterschiedlich und individuell wir auch sind, so einverstanden sind wir mit dem, was der andere sagt und stehen dahinter. Wer also jeweils mit dem „ich" gemeint ist, bleibt offen. Das macht aber gar nichts – im Gegenteil, wie Sie vielleicht beim Lesen merken werden.

In diesem Buch möchten wir Ihnen Angebote machen, aber keine Handlungsanweisungen geben.

Es geht uns darum, dass Sie Ihren eigenen Weg gehen, und durch dieses Buch Anregungen bekommen, wie und wo Sie diesen suchen können. Wir wollen Ihnen Raum geben, sich selbst zu erfahren, nachzudenken und der eigenen Wahrheit nachzuspüren. Es geht uns darum, Mut zu machen, den Realitäten ins Auge zu blicken und gegebenenfalls notwendige Veränderungsschritte einzuleiten. Im Vordergrund steht es, Situationen zu verstehen und nicht zu bewerten und dann einen hilfreichen Umgang damit zu finden. Es geht darum, Lebensqualität zu erhalten, *„Damit wir das Leben haben und es in Fülle haben."* (Johannes 10,10).

Es geht uns darum, Ihnen Mut zu machen, Ihren realistischen Blick zu schulen und Sie an wichtige Entscheidungen heranzuführen.

Die alte „gute Ordnung" mit ihren vorgegebenen Regeln und der Vorstellung, dass jeder einen ihm zugewiesenen Platz hat, ist heute nicht mehr tragfähig. Gesellschaftliche Veränderungen erfordern einen Spagat zwischen Tradition als *„das Gute, was ist und schon immer war"* und der Öffnung für neue Lebensmodelle, als *„das Gute, das sich entwickeln kann"*. Den Dreh- und Angelpunkt dafür stellt die Kommunikation dar. Das lateinische Wort Kommunikation bedeutet „gemeinsam machen", „Mitteilung" und „gemeinsame Beratung". Durch Kommunikation werden Hindernisse überwunden.

In diesem Buch geht es viel um Kommunikation, um das Miteinander-Reden. Schon alleine, indem wir schreiben und Sie lesen, kommunizieren wir miteinander. Kommunikation kann ein Schlüssel für die Verbindung von Tradition und Moderne sein sowie für die Verbindung weiterer Unterschiedlichkeiten, ja Gegensätze und somit auch ein Schlüssel für die Verbindung von gelungenem Familienleben und gleichzeitig zukunftsfähigem Handeln im landwirtschaftlichen Betrieb.

Wie Sie dieses Buch lesen können

Gerade weil Familie und Betrieb so unterschiedliche Systeme sind, haben wir auch unser Buch nicht als rundes Ganzes geschrieben. Wir sind der Überzeugung, dass das gar nicht geht.

Damit ist auch das Grundanliegen des Buches ins Wort gebracht, denn kein Betrieb ist ein einfaches Unternehmen, sondern hat seine eigenen Kanten, an denen Menschen sich reiben. Und jede Familie besteht aus Menschen und hat darum Kanten, an denen sich der Betrieb reibt.

Wir haben die beiden Themenstränge „Familie" und „Betrieb" in unserem Buch bewusst miteinander verwoben.

Sie können unser Buch entweder Kapitel für Kapitel lesen, dann wechseln Sie immer wieder die Perspektive: Betriebskapitel und Familienkapitel ergänzen sich wechselseitig. Dazwischen finden Sie das Kapitel über Kommunikation. Sie folgen dem Buch Seite für Seite, Kapitel für Kapitel, oder sie lesen erst die Familienkapitel (rosa), dann die Betriebskapitel (grün) und dann die Kommunikationskapitel (gelb). Vielleicht suchen Sie sich auch Ihren ganz eigenen Weg durch das Buch.

So oder so – wir wünschen Ihnen eine anregende Lektüre.

1

Familienbild – Familienbilder

Weil die Wirklichkeit bunter ist als wir ahnen

Weil die Wirklichkeit bunter ist als wir ahnen

In einem Seminar mit Silberpaaren war ich mit einem Liebeslied von Reinhard Mey eingestiegen. Ich wollte die sensiblen Betrachtungen des Liedermachers nutzen, um mit den Paaren an Dinge zu rühren, über die Menschen nicht so leicht sprechen. Das Lied beschreibt in seiner ersten Strophe die Heimkehr eines Mannes von seiner Arbeit und der Hoffnung, dass seine Frau ihn an der Haustür abholt. Aber sie bleibt bei ihrer Arbeit und nimmt die Heimkehr vermeintlich nur zur Kenntnis: *„Und Tage kommen, Tage gehen, und so fliegt mein Leben dahin. Wag‘ nicht in den Spiegel zu sehen, wie müde ich geworden bin. Und von so vielen Plänen bleiben Scherben und Tränen und nur die Frage nach dem Sinn.*" Während der Mann noch in seinen Träumen und Enttäuschungen verharrt, ist seine Frau ganz bei sich. Auch sie ist enttäuscht, weil ihr Partner nicht mehr zuerst zu ihr kommt, sondern beim Nach-Hause-Kommen zunächst irgendetwas im Haus sucht: *„Ich hör‘ die Schlüssel in den Türen, ich weiß, jetzt ist er endlich hier. Und ich weiß, seine ersten Schritte führen ihn nicht als erstes mehr zu mir. Und ich weiß, er wird schweigen, und ich werde nicht zeigen, dass ich auf meiner Insel frier.*" Beide sind müde, und ihre Hoffnungen erlahmen. Und keiner will dem anderen sagen, dass jeder auf der ganz eigenen Insel sitzt, friert und sich gleichzeitig nach der Wärme des jeweils anderen sehnt: *„Ich wollte hoch hinaus, ich wollte fliegen. Ich wollte wachsamer als andre sein. Der Alltag sollte mich nicht unterkriegen. Jetzt holt der Alltag meine Höhenflüge ein.*"

Wir halten unsere Emotionen oft zurück und denken, „dass es schon irgendwie geht" und „ja, eigentlich gar nicht so schlimm ist". Das funktioniert so lange, bis etwas oder jemand die zurückgehaltenen Emotionen berührt, dann verlieren wir unter Umständen die Kontrolle.

Nachdem wir im Seminar das Lied gehört hatten, ist es eine ganze Weile still. Dann ein Schluchzen. *„Warum weiß der, wie es mir geht?"* sagt eine Frau unter Tränen. Fassungslos schaut ihr Mann sie an. Nach einem Spaziergang kommen sie händchenhaltend zurück. *„Wir haben seit Jahren nicht mehr darüber geredet, wovon wir träumen"*, sagen sie in die Runde hinein, *„aber genau das war es, was uns zusammengeführt hat."* Und nach einer Pause fügt die Frau hinzu: *„Und das verbindet uns noch heute."*

Es ist diese Sehnsucht, dass ein anderer mich sieht und wahrnimmt, die Menschen zueinanderkommen und gemeinsame Wege gehen lässt. Aber diese Sehnsucht ist ein sehr intimer Schatz, den keine äußere Ordnung abbilden kann. Das Lied von Reinhard Mey nimmt diese Spannung auf: Den Weg zwischen der Sehnsucht als Schatz und Anliegen einerseits und den äußeren Ordnungen bzw. Notwendigkeiten andererseits zu finden, ist letztlich eine alltägliche Herausforderung für die Menschen, die sich zu solchen Wegen entscheiden. Immer wieder gibt es dann die Erfahrung, dass die alltäglichen Notwendigkeiten so mächtig werden, dass sie den Zugang zum alles begründenden Schatz der Liebe zueinander und der Sehnsucht nach Gemeinsamkeit verdecken.

Was Reinhard Mey in seinem Lied aufgreift, ist die alltägliche Herausforderung für jede Beziehung: Wie kann es im Alltag gelingen, dass aus Sehnsucht nicht Gleichgültigkeit wird, dass die Liebe als lebendige Kraft zwischen den beiden Partnern lebendig bleibt. Damit ist zugleich die Spannung von Leidenschaft und Alltäglichkeit aufgewiesen, die in jeder Beziehung wohnt und gelebt sein will. An dieser Stelle muss man auch bemerken, dass die Lebensverhältnisse von Paaren und Familien immer bunter werden.

In einer gängigen Formel wird dieses Miteinander in der Familie als Keimzelle der menschlichen Gesellschaft ausgemacht, damit wird der Horizont erheblich ausgeweitet. Wohl auf diesem Hintergrund hat sich sogar das deutsche Grundgesetz der Frage von Ehe und Familie angenommen.

Wenn ein Paar über Rechtsanwälte miteinander zu kommunizieren beginnt, dann ist seine Geschichte vermutlich vorbei. Was bleibt, ist dann nur noch eine Form der Flurbereinigung.

Im Bürgerlichen Gesetzbuch nimmt das Familien- und Erbrecht erheblichen Raum ein. Aber diese rechtliche Betrachtung beschreibt das Phänomen Beziehung nur von außen.

Die traditionelle Sicht der Dinge

Das deutsche Grundgesetz hat Ehe und Familie Verfassungsrang verliehen: „*Ehe und Familie stehen unter dem besonderen Schutze der staatlichen Ordnung.*“ (GG Art. 6)

Man darf vermuten, dass die Väter und Mütter des Grundgesetzes mit dieser Aussage durchaus an die traditionelle Ehe mit ihren Kindern gedacht haben. Hier werden die traditionellen Eigenschaften einer Ehe nicht ausgesprochen, sie sind aber gemeint: Eine Ehe ist zuerst auf Dauer geschlossen, „*bis dass der Tod uns scheidet.*“ Sie besteht zunächst zwischen zwei Menschen „*in guten und in bösen Tagen, in Gesundheit und Krankheit.*“ Bereits hier wird vom Recht übersehen, dass man nicht einfach einen anderen Menschen heiratet, sondern zumeist dessen gesamtes Beziehungs-, also auch Familiengeflecht mit auf den gemeinsamen Weg bekommt, und wenn die Trauungsformel von „*lieben, achten und ehren*“ spricht, dann zielt sie auf wechselseitiges Wohlwollen und gegenseitige Förderung. Menschen heiraten einander, weil sie einander guttun und guttun wollen. In der traditionellen Sicht der Dinge wird dieses Guttun meistens Fruchtbarkeit genannt. Fruchtbarkeit dürfte hier ein recht schillernder Begriff sein. Er meint ganz äußerlich die gemeinsame Bewältigung der Alltagssorgen inklusive der Versorgung mit den alltäglichen Gütern; aber er schließt auch die wechselseitige Fürsorge in einem tieferen Sinne und nicht zuletzt die Offenheit für die Kinder und damit die Weitergabe des gemeinsam genossenen Lebens mit ein.

Indem das Recht der Ehe die drei Eigenschaften von **Dauerhaftigkeit** (auch Unauflöslichkeit), **Einzigkeit** (auch Treue) und **Fruchtbarkeit** (auch Kinderwunsch) zuordnet, beschreibt sie das Miteinander bestenfalls von außen und erreicht kaum deren tiefste Wurzeln. Trotzdem wird man dieser Betrachtungsweise nicht einfach widersprechen können. Sie beschreibt in diesen drei Dimensionen eine inhaltliche Kontinuität von Ehe und Familie, die sich in allen aktuellen Veränderungen als rote Linie zeigt, selbst dann, wenn die Sehnsucht nach Dauer, Treue und Fruchtbarkeit unerfüllt bleibt.

Grundgesetz Artikel 6

(1) Ehe und Familie stehen unter dem besonderen Schutze der staatlichen Ordnung.
(2) Pflege und Erziehung der Kinder sind das natürliche Recht der Eltern und die zuvörderst ihnen obliegende Pflicht. Über ihre Betätigung wacht die staatliche Gemeinschaft.
(3) Gegen den Willen der Erziehungsberechtigten dürfen Kinder nur auf Grund eines Gesetzes von der Familie getrennt werden, wenn die Erziehungsberechtigten versagen oder wenn die Kinder aus anderen Gründen zu verwahrlosen drohen.
(4) Jede Mutter hat Anspruch auf den Schutz und die Fürsorge der Gemeinschaft.
(5) Den unehelichen Kindern sind durch die Gesetzgebung die gleichen Bedingungen für ihre leibliche und seelische Entwicklung und ihre Stellung in der Gesellschaft zu schaffen wie den ehelichen Kindern.

Noch immer wollen die meisten Paare, die heute heiraten, zusammenbleiben und sind sich doch im Klaren, dass das Scheitern ihrer Beziehung eine reale Möglichkeit darstellt. Die Tage, in der sich Frauen nach einer Heirat ihre Rentenansprüche auszahlen ließen – etwa um eine Waschmaschine womöglich für die Windeln zu kaufen – sind vorbei. Heiraten ist mehr denn je ein Wagnis und schließt die Möglichkeit des Scheiterns bzw. die Notwendigkeit einer Trennung für die meisten Paare ein. Dieser Tatsache hat das deutsche Scheidungsrecht längst Rechnung getragen, indem es das Schuldprinzip verabschiedet und das Zerrüttungsprinzip eingeführt hat. Rechtlich betrachtet endet eine Ehe nicht aufgrund von Schuld und Versagen, sondern weil die Beziehung irreparabel zerrüttet ist.

Die Tränen jenes Silberpaares haben genau diesen Tatbestand nicht erfüllt. Der andere war so kostbar, dass ihm Tränen geopfert wurden. Zerrüttung ist dann eingetreten, wenn an die Stelle der Trauer die Tränen des Zorns treten. Für das trauernde Paar war die richtige Therapie, sich an die eigenen Träume zu erinnern und die Sehnsucht nacheinander neu zu erwecken. Genau das kann aber eine Rechtsordnung weder leisten, noch überhaupt abbilden.

Eine geringfügige sprachliche Veränderung kann hier die Rechtsordnung korrigieren: Noch immer sprechen viele Paare von „meiner Frau“

bzw. „meinem Mann". Das ist eine schöne Redenswendung, auch wenn die Eigentumsangabe verwirren kann. Kein Mensch kann einem anderen wirklich gehören, wohl aber kann er oder sie für den anderen zum „Schatz" werden, der das Leben beider bereichert. Ein Blick auf die Anrede eines Paares kann also durchaus erhellend sein: Wie nennen sich die beiden? Welche Titel haben sie füreinander? In manchen Seminaren für Silberpaare war das ein Einstieg für die intensive Arbeit des Paares miteinander, aneinander und füreinander: „*Wer bin ich für dich?*"

Wenn etwa Mann und Frau anfangen, sich wechselseitig als Vater und Mutter zu bezeichnen, dann lohnt es sich nachzudenken.

Wenn auch beide miteinander Vater und Mutter sind, so sind sie das für ihre Kinder; füreinander sind sie Mann und Frau – oder modern gesprochen Partner und Lebensgefährten. Letztlich sind es diese beiden, die das Leben miteinander teilen und gemeinsam den Herausforderungen des Alltags begegnen. Hoffentlich gibt es für das Paar ein Leben nach der Kinder- und Familienphase und die Entscheidung, das Leben zu teilen, kann vom Recht vielleicht von außen beschrieben, aber keinesfalls in seiner Tiefe erfasst werden.

„Wer bin ich für dich?" **Wenn etwa Mann und Frau anfangen, sich wechselseitig als Vater und Mutter anzusprechen, dann lohnt es sich nachzudenken.**

Familie als Basis

Ich weiß heute nicht mehr, wie viele Kinder jenes Silberpaar hatte. Heute sind sie vermutlich längst Oma und Opa, zumindest, wenn jene Hoffnung erfüllt wurde, für deren Erfüllung sie genau nichts mehr beitragen konnten. Der Hinweis darauf ist aber deshalb wichtig, weil Ehe und Familie für das Grundgesetz aus zwei Gründen wichtig sind: Zum einen hat kein Gemeinwesen ohne Kinder auf Dauer Bestand und zum anderen beruht unsere Gesellschaftsform auf Besitz und Eigentum.

Offensichtlich ist das Grundgesetz davon überzeugt, dass Familie das ideale Umfeld für das Heranwachsen und die Erziehung von Kindern ist. Die verschiedenen heftigen Diskussionen um die Sicherung der Renten, die ja auf einem Generationenvertrag beruhen, leben von der grundsätzlichen Einsicht, dass nur eine Gesellschaft, die Kinder hervorbringt, Zukunft hat. Der Generationenvertrag beruht darauf, dass nicht mehr die Kinder einer Familie für die Versorgung von deren Senioren Verantwortung übernehmen, vielmehr übernimmt die Generation der heute Berufstätigen über die staatliche Rentenversicherung gemeinsam Verantwortung für die früher Beschäftigten. In gewisser Weise wird hier das Versorgungsmodell einer Familie auf die gesamte Gesellschaft übertragen. Das kann nur gelingen, wenn innerhalb dieser Gesellschaft Kinder in ausreichender Zahl geboren werden.

Wenn große Teile der Gesellschaft ihren Kinderwunsch hinter anderen Wünschen zurückstellen, dann gerät der Generationenvertrag in die Krise.

Dass eine nicht geringe Zahl von Paaren ungewollt kinderlos bleibt, darf dabei nicht aus dem Blick geraten, kann aber diese grundsätzliche Betrachtung nicht infrage stellen.

Und wieder berührt die rechtliche bzw. institutionelle Betrachtung der Verhältnisse nur die Oberfläche. In einer älter werdenden Gesellschaft kümmern sich häufig die jungen Alten um die alten Alten. Der demografische Wandel stellt immer häufiger die Frage, wie unsere Gesellschaft die Sorge für die Senioren in ihrer Mitte wahrnimmt. Hier sind neue Wege der Sorge gefragt, die unsere institutionalisierte Fürsorge immer weniger gewährleisten kann.

Ein weiterer Gesichtspunkt ist das Eigentum. Gesellschaftlich betrachtet gründet unser Zusammenleben auf Eigentum. Menschen haben Besitz, den sie erwerben und verkaufen, den sie ererben und weitergeben. Das deutsche Grundgesetz schützt Eigentum und Erbrecht ausdrücklich, auch wenn es gleichzeitig seine Sozialbindung betont. Gerade der Verweis auf das Erbrecht im Eigentumsartikel (GG Art. 14) zeigt, dass Familie und Eigentum in einem inneren Zusammenhang stehen. Auch wenn Ehe und Familie vorrangig von den Kindern hergedacht werden, schützt das Grundgesetz sie auch deswegen, weil in diesem Systemen Verantwortung gelebt, Sorge und Fürsorge übernommen und Besitz geteilt wird. Konkret regelt das Familienrecht auch, wer für wen finanziell aufkommen muss bzw. wer wessen Besitz erben kann oder darf. Die alte Regel, dass die Haus und Hof erben, die die Senioren „übernehmen“ ist eine weitere Spielart dieses Verständnisses von Eigentum. Im Kontext landwirtschaftlicher Betriebe und angesichts des Strukturwandels im ländlichen Raum gewinnt diese Tatsache eine besondere Brisanz.

Die Tränen des Silberpaares sind also durchaus mehr als nur Antwort auf müde gewordene Hoffnungen, sie wurden auch in einem komplexen Miteinander von Generationen vergossen. Keine Beziehung ist wie die andere, keine Ehe ist wie die andere, keine Familie ist wie die andere, und doch gibt es rote, sich durchziehende Linien. Einerseits sind Ehe und Familie gesellschaftlich wichtige Modelle, andererseits werden sie von Menschen gebildet, die ihr je eigenes Modell hervorbringen. Das geschieht, indem sie ihre persönlichen Vorstellungen formulieren, teilen und leben. Manchmal braucht es dann halt jenen Spaziergang (oder Ähnliches), in dem die Vorstellungen wieder ausgesprochen und genauso verlebendigt werden.

Äußerlich hat sich „das Familienbild“ gewandelt, innerlich sind es dieselben Sehnsüchte und Wünsche geblieben.

Wenn heute also jemand Familie sagt, dann muss er sich im Klaren sein, dass damit Beziehungen mit wechselseitiger Verantwortung ausgesprochen werden. Menschen gestalten ihr Zusammenleben über Generationengrenzen hinweg und suchen gemeinsame Wege. Äußerlich nimmt das ganz unterschiedliche Gestalt an, prägend sind aber immer die Sehnsüchte und Hoffnungen derer, die sich auf das Abenteuer des Miteinander einlassen, und wer wollte bestreiten, dass das Miteinander von Paaren immer wieder die Züge eines Abenteuers annimmt?

Wozu braucht es Familie?

Wenn etwa das Neue Testament darauf verweist, dass nur der ein Amt in der jungen Kirche übernehmen kann, der seinem Haushalt vorzustehen weiß (vgl. 1 Tim 3,5ff.), dann macht dieser kurze Hinweis deutlich, dass Familie weit mehr Funktionen erfüllt als die bloße Pflege von Sehnsüchten und Hoffnungen. Übrigens werden in diesem Text die Worte „Familie“ und „Haus“ parallel gebraucht. Damit wird deutlich, dass Familie zwar aus einer Beziehung von Menschen erwächst, aber in ein größeres und umfassenderes Gefüge hineinverflochten ist. Die modernen Begriffe wie Hausarbeit oder Hausaufgaben, Hausfrauen und Hausmänner, Hausrecht und häusliche Zucht gehören auch dann in dieses Gefüge hinein, wenn sie längst neue und andere Inhalte angenommen haben.

Wer etwa Familie bei Wikipedia sucht der erfährt: „Familie ... bezeichnet soziologisch eine durch Partnerschaft, Heirat, Lebenspartnerschaft, Adoption oder Abstammung begründete Lebensgemeinschaft, im westlichen Kulturraum meist aus Eltern oder Erziehungsberechtigten sowie Kindern bestehend, gelegentlich durch weitere, mitunter auch im selben Haushalt lebende Verwandte oder Lebensgefährten erweitert.“ Man könnte diese Definition auch als knappe Formel fassen, die ein deutscher Politiker vor einigen Jahren gewagt hat: *„Familie, das ist Zusammenleben mit Kindern.“*

Biologische Funktion

Der traditionelle Begriff von Familie ist eng mit der Zeugung und Erziehung von Kindern verknüpft, man könnte das auch die biologische Funktion der Familie nennen. In diese Funktion spielt auch die Kultur menschlicher Zärtlichkeit und Sexualität hinein. Auch wenn moderne Interpretationen neue Spielarten von Familie hervorgebracht haben, ist doch diese biologische Funktion in Geltung.

Soziale Funktion

Der Schutz des Grundgesetzes dient der sozialen Funktion der Familie, diese dient der Sozialisation der kommenden Generation. Emotional geht es hier um Geborgenheit. Für Säuglinge ist das eine Frage des Überlebens, in späteren Lebensjahren geht es um die Vermittlung von Lebenswissen für die Gestaltung des eigenen Lebens wie des menschlichen Zusammenlebens.

Wirtschaftliche Funktion

Eine dritte Funktion ist wirtschaftlicher Natur: Schutz und Fürsorge im materiellen Sinne sind grundlegende Aufgaben der Familie. Selbst wenn der Generationenvertrag der modernen westlichen Gesellschaften hier wichtige Aufgaben übernommen hat, bleibt der Familie doch diese Funktion erhalten.

Religiöse Funktion

Die Familienzugehörigkeit bestimmt einen Menschen fundamental, allerdings spielt sie eine in unseren westlichen Gesellschaften eine immer geringere Rolle. Wo Sippe oder Clans in einem Land dominieren, hat diese Funktion nach wie vor bestimmende Bedeutung.

Die Tradition von Familienfesten verweist auf eine ganz urtümliche religiöse Funktion von Familien. In der modernen Kleinfamilie ist diese Dimension eher unauffällig, auch wenn etwa die Großkirchen in Deutschland noch immer stark auf die Weitergabe des Glaubens in der Familie setzen.

Rechtliche Funktion

Die rechtliche Funktion der Familie ist in den westlichen Gesellschaften von wichtigen Vorgaben des Gemeinwesens umgriffen. Wenn etwa nach der Aussage des Grundgesetzes die staatliche Gemeinschaft über die Erziehung der Kinder wacht, dann setzt sie bereits mit der Schulpflicht der elterlichen Sorge eine klare Grenze. Weitere Grenzziehungen sind dort gefragt, wo staatliche Instanzen zur Einsicht gelangen, dass die elterliche Sorge dem Kindeswohl nicht gerecht wird. Gleichwohl ordnet das Grundgesetz allen staatlichen Eingriffsrechten das sogenannte Elternrecht vor.

Freizeit- und Erholungsfunktion der Familie

Wikipedia verweist auf die moderne Freizeit- und Erholungsfunktion der Familie und versteht diese als „eine moderne Variante der Wirtschaftsfunktion“. Das ist auf dem Hintergrund einer wachsenden Parzellierung des menschlichen Lebens zu verstehen: Wie Religion wird auch Familie zunehmend zu einer Privatsache der Menschen und damit zu einer Größe, auf die etwa Arbeitswelt oder Öffentlichkeit immer weniger Rücksicht zu nehmen bereit sind.

Diese eher abstrakten Hinweise machen deutlich, wie sehr sich der Familienbegriff heute verändert hat und weiter verändert. Entsprechend finden sich Familien in unserem Land von anderen Instanzen umgeben, mit denen sie zuweilen zusammenwirken, aber auch in Konkurrenz treten. Dazu gehören etwa Schulen, Krankenkassen, politische oder kirchliche Gemeinden, aber auch Vereine im Freizeitbereich. Damit stellt sich die Frage, was der Begriff Familie alles bedeuten kann?

Was ist eigentlich Familie?

Die traditionelle Sicht – lebenslange Ehebeziehung

Die traditionelle Sicht der Dinge hatte ein verheiratetes Paar, Mann und Frau vor Augen, deren Entscheidung zum Miteinander auf der sogenannten romantischen Liebe gründet. Aus dieser Liebe entspringt dann der Kinderwunsch, auch wenn der heute kaum noch wirtschaftliche Hintergründe haben dürfte. Die Ehe dauert lebenslang, ist monogam und heterosexuell. Die Geschlechterrollen sind klar fixiert und gehen von einem Haupternährer aus, der zudem die höchste Autorität in der Familie besaß. Von der männlichen Rolle des Familienvorstands wurde traditionell die Schlüsselgewalt der Frau unterschieden.

Wahrnehmbare Veränderungen

Auch wenn dieses Bild noch immer eine hohe Anziehungskraft genießt, so ist es doch längst massiven Veränderungen unterworfen: Die Familie wird angesichts sinkender Geburtenzahlen im Durchschnitt kleiner: Ein-Kind-Familien und kinderlose Paare nehmen zu, und gleichzeitig bedeutet der Rückgang an Eheschließungen keinesfalls den Rückgang von Paarbindungen. Die Gründe für beide Entwicklungen sind vielfältig und können hier nicht erörtert werden. Sie verändern aber ohne Zweifel nicht nur das Bild von Ehe und Familie, sondern auch das der ganzen Gesellschaft.

Lebensabschnittspartnerschaften

Immer öfter treten an die Stelle lebenslanger Beziehungen mehrere aufeinanderfolgende Bindungen. Der Lebensgefährte wird zum Lebensabschnittsgefährten; zuweilen wird von „serieller Monogamie“ gesprochen. Die zugehörige Familie hat Patchwork-Charakter, wenn Menschen eine Bindung eingehen und dabei etwa Kinder aus früheren Beziehungen mitbringen. Die Rolle von Mutter und Vater verändert sich damit ganz erheblich: Der eine nimmt die Funktion eines Elternteils ein, ohne das biologisch zu sein, während die andere kein Sorgerecht mehr hat, aber die Beziehung zum Kind in neuer Form fortführen möchte (und auch muss).

Alleinerziehende, Fernbeziehung

Zu diesen Familienformen kommen die Haushalte von Alleinerziehenden hinzu, wenn etwa ein Elternteil allein mit den Kindern lebt und die komplexen Beziehungen zum anderen Elternteil gestalten muss. Hier zeigt sich ein Grundproblem der Elterntrennung insofern, als Vater und Mutter lebenslang Mutter und Vater bleiben, wenn die beiden Menschen schon lange nicht mehr Mann und Frau bzw. ein Paar mit gemeinsamer Lebensperspektive sind.

Fernbeziehungen nehmen an Zahl und Bedeutung zu, für die Paarbeziehung sind sie eine ungeheure Herausforderung. Wo sie Kinder einbeziehen, laufen sie Gefahr, dass ein Part die alleinige Verantwortung für die Erziehung trägt. So kann ein Partner sich durchaus alleinerziehend verstehen und sein, obwohl eine reale und funktionierende Beziehung besteht. Nicht zuletzt Frauen haben das gerade im traditionellen Modell so erlebt und können es heute noch so erleben.

Regenbogenfamilien
Die öffentliche Diskussion um das Adoptionsrecht für gleichgeschlechtliche Lebenspartnerschaften übersieht die Realität der sogenannten Regenbogenfamilie. Gemeint ist damit das Zusammenleben homosexuell orientierter Menschen entweder mit Kindern aus vorhergegangenen heterosexuellen Partnerschaften oder mit Kindern, die auf künstlichem Weg gezeugt oder im Sinne des Rechts adoptiert wurden.

Getrenntes Zusammenleben
Eine ganz eigene Form der Familie ergibt sich dort, wo ein Paar sich zwar trennt, aber eine Form des Zusammenlebens aus den verschiedensten (häufig ökonomischen) Gründen pflegt. Hier geben zwei Menschen zwar ihre Beziehung auf, aber sie nehmen ihre Verantwortung als Eltern weiter ernst.

Diese knappe Beschreibung will keinesfalls umfassend sein. Sie verzichtet nicht auf eine traditionelle Sicht der Dinge, wohl aber auf deren Beurteilung. Sie nimmt vielmehr ernst, dass die Realität von Beziehung und Familie vielgestaltig geworden ist. Was ist, das ist!

Familie und Freiheit

Der Verzicht auf eine Beurteilung nimmt Realität ernst und will den Blick vor allem auf die Wurzel der Beziehung richten, die Reinhard Mey im dritten Teil seines Liedes einzufangen versucht. Während die ersten beiden Strophen die Perspektive jeweils eines Partners einnehmen, scheint die dritte Strophe vom Dialog der beiden und ihrem Miteinander zu singen: „*Und sie ist alles, was ich liebe. Und er ist alles, was ich will ... Wir könnten neu beginnen, einander neu gewinnen. Und wenn sie es nur will, ich will!*“

Vor meinem inneren Auge steht dabei immer noch jenes Silberpaar, das sich von den Worten des Liedermachers hat einfangen lassen, aber eigentlich haben sie sich nur zu ihrer gemeinsamen Geschichte bekannt, die in einer Sehnsucht gegründet hat. Indem sie diese Sehnsucht füreinander ausgesprochen und miteinander bekannt haben, haben sie sich verlebendigt. Längst kenne ich nicht mehr die Gesichter oder die Namen des Paares, aber ihre Sehnsucht, und vor allem ihre Freiheit füreinander sind mir immer noch bewusst, und dabei möchte ich nicht übersehen, dass genau diese Wiederentdeckung anderen Paaren nicht gelungen ist.

Die amerikanische Familientherapeutin Virginia Satir hatte es sich zur Aufgabe gemacht, Menschen ihre Möglichkeiten aufzuzeigen: *„Ich glaube daran, dass das größte Geschenk, das ich von jemanden empfangen kann, ist, gesehen, gehört, verstanden und berührt zu werden. Das größte Geschenk, das ich geben kann, ist, den anderen zu sehen, zu hören, zu verstehen und zu berühren. Wenn dies geschieht, entsteht Beziehung.“* Damit rührt Satir an die Wurzel dessen, was Familie ausmacht.

Fünf Freiheiten

Für die zugehörige Grundhaltung formuliert Virginia Satir fünf Freiheiten, zu denen sie ihren Patienten verhelfen wollte:

- Die Freiheit zu sehen und zu hören, was im Moment wirklich da ist
  ... statt das, was sein sollte, gewesen ist oder erst sein wird.
- Die Freiheit, das auszusprechen, was ich wirklich fühle und denke
  ... und nicht das, was von mir erwartet wird.
- Die Freiheit, zu meinen Gefühlen zu stehen
  ... und nicht etwas anderes vorzutäuschen.
- Die Freiheit, um das zu bitten, was ich brauche,
  ... statt immer erst auf Erlaubnis zu warten.
- Die Freiheit, in eigener Verantwortung Risiken einzugehen,
  ... statt immer nur „auf Nummer sicher zu gehen“ und nichts Neues zu wagen.
  Virginia Satir (1976)

K = Kv + Kf
K
Kv (Variable Kosten)
Kf (Fixe Kosten)
m
k = Kv/m + Kf/m
→ Gesetz der Massenproduktion
5
3
100
4
6
12
70
1

2

Unternehmen

Worauf sie gründen und was sie brauchen

Ist das Leitbild des bäuerlichen Familienbetriebs zeitgemäß?

In vielen Gesprächen nach Vorträgen, in Seminaren oder bei meiner Beratungs- und Seelsorgearbeit fragen mich immer wieder Landwirte, ob die Landwirtschaft eine Zukunftschance hat. Diese Landwirte sind angesichts des Strukturwandels, der aktuellen Agrarpolitik, der Liberalisierung der Märkte, der steigenden Auflagen bei der Landbewirtschaftung und der Tierhaltung um ihre Zukunft besorgt.

Im Westen Deutschlands galt der bäuerliche Familienbetrieb nach dem Zweiten Weltkrieg jahrzehntelang parteiübergreifend als das Leitbild der Gestaltung von Agrarpolitik und als gesellschaftlich wie volkswirtschaftlich erwünscht und anerkannt. Dafür gab es ganz verschiedene Gründe. Der bäuerliche Familienbetrieb hielt Werte wie Familie und Tradition hoch und garantierte Nachhaltigkeit im ökologischen wie im sozialen Sinn. Er ermöglichte eine breite Eigentumsstreuung und gewährleistete ökonomische Effizienz ebenso wie Robustheit gerade in Krisenzeiten.

Etwa 90 % der landwirtschaftlichen Betriebe in Deutschland sind Personengesellschaften oder Einzelunternehmen also im Familienverbund eigentümergeführt.

Spätestens seit der Wiedervereinigung wird dieses Leitbild infrage gestellt. Ist nicht das große Agrarunternehmen in Form einer Genossenschaft, GmbH oder Aktiengesellschaft in einer dynamischen und globalen Welt ökonomisch effizienter? Sind nicht die großen Unternehmen genauso in dem sozialen Umfeld eingebunden? Halten sie nicht genauso wie die bäuerlichen Familienbetriebe die Verordnungen im Bereich Düngung, Pflanzenschutz oder Tierschutz ein?

An welchem Leitbild soll sich die Politik also orientieren? Gibt es überhaupt noch ein Leitbild für die Gestaltung der Agrarpolitik?

Um die Frage vernünftig zu klären, braucht es einen kurzen Blick in die Agrargeschichte:

Jahrtausendelang war Landwirtschaft reine Subsistenzwirtschaft. Es ging darum, den Bedarf der Familie durch die agrarische Produktion zu decken. Das beinhaltete nicht nur die Lebensmittelproduktion, sondern auch das Bereitstellen weiterer Rohstoffe sowie beispielsweise von Zugenergie. Das erwerbswirtschaftliche Prinzip formulierte erst Albrecht Daniel Thaer 1809, indem er sinngemäß sagte: *„Landwirtschaft ist ein Gewerbe mit dem Ziel, den möglichst höchsten nachhaltigen Gewinn zu erzielen."* Dieses ökonomische Prinzip konnte noch nicht in die praktische Betriebsführung umgesetzt werden, da die Landwirtschaft ihre Betriebsorganisation an technisch-ökologische Begrenzungen anpassen musste. Es ging um Futterausgleich, Düngerausgleich und Arbeitsausgleich, sodass die Betriebsorganisation weitgehend statisch war. Erst die technischen Fortschritte im Bereich der Mechanisierung und z. B. des Pflanzenschutzes oder der Düngung erlaubten die Ökonomisierung des Landbaus und damit die Entlassung aus den statischen Grenzen. Die

Verbindung mit raschen technischen Fortschritten, der Entwicklung einer arbeitsteiligen Volkswirtschaft und einem rasanten ökonomischen Strukturwandel führte dazu, dass Landwirtschaft sich neu organisierte und aufstellte.

Auch im 19. und 20. Jahrhundert gab es verschiedene Formen der Landbewirtschaftung: den klassischen Familienbetrieb in der Realteilungszone oder den großen Agrarbetrieb in den Anerbengebieten, den Großbetrieb der Agrarfirmen wie Südzucker oder die Kleinwanzleberner Saatzucht AG (KWS) bis hin zu adeligen Agrargütern.

Durch die Wiedervereinigung und einen rasanten Strukturwandel, der durch die Reform der europäischen Agrarpolitik forciert wird, stellt sich die Frage nach den Entwicklungen im Bereich der Landwirtschaft, was die unterschiedlichen Betriebsgrößen und Betriebsformen anbelangt. Treiber des Wandels hin zu immer größeren Agrarunternehmen sind zum einen die Kostendegressionskurve, die dazu führt, dass in größeren Unternehmen mit geringeren Stückkosten produziert werden kann, sowie der rasante technische Fortschritt und die volatilen, offenen, globalen Agrarmärkte, außerdem stößt der klassische Familienbetrieb mit Vater, Mutter und eventuell 1–2 Kindern an die Grenzen. Der Wunsch nach Lebensqualität kann dort oft nicht mehr vernünftig abgebildet werden.

Lebensqualität

Unter Lebensqualität verstehe ich unter anderem

- die Begrenzung der Arbeitsbelastung auf ein ertragbares Maß, sodass es nicht zu Gesundheitsgefährdungen von Körper, Seele und Geist führt.
- Vertretungsmöglichkeiten im Krankheitsfall, die Möglichkeit, regelmäßig seine Freizeit, Interessen und Hobbies zu pflegen.
- das Eingebundensein in das soziale Leben.
- die Möglichkeit nach Urlaub und Fortbildungen.
- Zeit zu haben, seine Beziehungen zu pflegen, insbesondere was die Familie und die Paarbeziehung anbelangt.

Die zwei wichtigsten Faktoren hin zu größeren Einheiten sind Ökonomie und Lebensqualität. Größere Betriebe sind nicht mehr allein auf die Arbeitskapazität der Familie begrenzt und erweiterte Familienbetriebe mit fremden Arbeitskräften oder auch Kooperationsbetriebe werden in Zukunft eine ganz entscheidende Rolle spielen. Sie weisen immer noch zahlreiche Vorteile auf wie Effizienz durch die Verbindung von Eigentum und Selbstverantwortung, Flexibilität, Robustheit oder Umsetzungsschnelligkeit.

Da der Begriff der „Bäuerlichkeit“ äußerst schwierig, wenn nicht unmöglich zu definieren ist, möchte ich diese größeren Agrarunternehmen als **familiengeführte landwirtschaftliche Unternehmen** bezeichnen. Erfüllen sie die folgenden Kriterien, sind sie umfassend nachhaltig und auch „gesellschaftsfähig“:

- Die Unternehmensführung liegt in der Hand von einzelnen Personen und Familien, die gleichzeitig im Unternehmen mitarbeiten, zudem haben die Führungskräfte auch haftungsrelevantes Eigenkapital im Unternehmen.
- In diesen Unternehmen ist die Entlohnung der Arbeit, also angemessenes Einkommen, entscheidender als die Kapitalrendite. Die Entlohnung der familieneigenen Produktionsfaktoren wie Arbeit, Kapital und Boden wird durch die einzelnen Personen oder Familien gesteuert und verantwortet. Diese Steuerung der Entlohnung erlaubt eine hohe Robustheit gerade in Zeiten mit großen Preisschwankungen. Je höher der Anteil der Fremdarbeitskräfte und des Fremdkapitals im Betrieb ist, desto mehr muss die Entlohnung in vorher vereinbarten Größenordnungen erfolgen. Der große Vorteil von Familienbetrieben oder deren Kooperationen ist, dass sie die Steuerung, Verantwortung und Festlegung der Entlohnung selber in der Hand haben. Die Entlohnung wird nicht von außen vorgeschrieben.
- Agrarunternehmen gleich welcher Größe sollten in die Region und in das soziale Umfeld eingebunden sein und sich am Leben in Gemeinde und Dorf in umfassender Weise durch ehrenamtliches Engagement oder Sponsoring beteiligen. Landwirtschaft hat eine gesellschaftliche Bedeutung, auch z. B. was Fragen der Werte wie Selbstständigkeit und Eigentum anbelangt und ist weitaus bedeutender als die reine Produktionsfunktion von Lebensmitteln. Es geht unter anderem auch um die Gestaltung und Pflege der Kulturlandschaft. Die Frage der Entwicklung der Landwirtschaft, ihrer Bewirtschaftungsformen und Betriebsorganisation ist immer wieder im Dialog mit gesellschaftlichen Werten und Vorstellungen zu erörtern.

Zukunftsfähige Landwirtschaft

- ist nicht größen- oder rechtsformabhängig.
- ist entscheidend davon abhängig, ob sie eine Entlohnung der eingebrachten Produktionsfaktoren erlaubt.
- orientiert sich an gesamtgesellschaftlichen Werten bzw. steht mit der Gesellschaft in einem konstruktiven Dialog, wie die Multifunktion von Landwirtschaft unter heutigen Bedingungen gelebt und erfüllt werden kann.
- garantiert Lebensqualität wie für vergleichbare Berufsgruppen.

Kürzlich bekam ich nach einem Vortrag ein Buch von einem Bauernverbandsfunktionär überreicht. Darin las ich folgende Sätze: *„Der landwirtschaftliche Familienbetrieb hat keine Chance gegen den modernen Agrarkonzern, der Getreide, Obst und Fleisch in industriellen Größenordnungen produziert. Diese Kleinbetriebe können dem massiven Preis- und Kostendruck ihrer großen Konkurrenten nicht standhalten.*" (Galbraith, 2007)

Nach meiner Einschätzung brauchen wir uns keine Sorgen machen, dass familiengeführte Unternehmen chancenlos sind. Sie müssen allerdings ihre Hausaufgaben machen, damit sie in der ganzen Bandbreite ihrer Möglichkeiten zukunftsfähig sind. Aussagen in der aktuellen Agrarpolitik wie *„wir können Weltmarkt und Wochenmarkt"* oder *„Bei uns geht Kostenführerschaft und Qualitätsführerschaft"* bringen das gut auf den Punkt.

Es geht daher nicht mehr um die Frage *„groß oder klein"*, *„öko oder konventionell"*, *„Einkommenskombination oder Spezialisierung"*, alles ist möglich!

Das ist eine Ermutigung wegzukommen von diesem Schwarz/Weiß-Denken und den Pauschalaussagen aus Politik, Wissenschaft und den Verbänden. Wir dürfen es als eine große Freiheit erleben, das bunte Grau der Vielfalt familiengeführter Unternehmen immer wieder neu zu bespielen.

Bei solchen Unternehmen müssen immer zwei Bereiche ausbalanciert sein und gleichgewichtig und gleichwertig gestaltet werden:

- die Wirtschaftlichkeit,
- und die Beziehungen in der/n Familie/n bzw. vor allem die Paarbeziehung.

Ein familiengeführtes Unternehmen besteht aus zwei Systemen mit teilweise sehr verschiedenen Qualitäten und Anforderungen: der Familie und dem Unternehmen. Diese können sich unterstützen und stärken, aber auch gefährden und sogar zerstören.

Ich möchte das Unternehmenssystem als Wasserkreislauf bezeichnen und das Familiensystem als Blutkreislauf. Eine Vermischung führt in beiden Systemen zu unguten Folgen. So führt z. B. die Nicht-Abnabelung des Hofnachfolgers von den Eltern, insbesondere der Mutter, zum Fehlen klarer eigener unternehmerischer Entscheidungen, in denen der junge Mann seinen Stärken folgen und Veränderungen gelingend gestalten kann. Andererseits ist die ökonomische Denke *„Was bringt mir das?"* der Tod von lebendigen partnerschaftlichen Beziehungen.

Ich werde daher beide „Spielfelder" in den Blick nehmen mit dem Ziel, den Blutdruck zu senken und den Wasserdruck zu erhöhen, damit familiengeführte Unternehmen Zukunft haben.

Was macht den Unternehmer aus?

Zielsteuerung

Die wichtigste und nicht delegierbare Aufgabe des Unternehmers ist die **Zielsteuerung des Unternehmens**. Dafür erscheint auch der Begriff der Führung geeignet. Führung bezieht sich dabei nicht nur auf das Unternehmen, sondern auch auf mich selbst und die Mitarbeiter – das kann auch die Familie sein. Der englische Fachbegriff dafür ist „Controlling".

Controlling

Der Prozess des Controlling umfasst folgende Schritte in dieser zwingenden logischen Reihenfolge:

1. Situationsanalyse (Unternehmen, Umfeld)
2. Ziele festlegen
3. Pläne erstellen
4. Entscheiden
5. Durchführen
6. Kontrolle und daraus entsprechende Konsequenzen umsetzen.

Mindestens einmal pro Jahr sollte sich ein Unternehmer Zeit für einen kompletten Controlling-Prozess nehmen und sein Unternehmen durchleuchten, das kann im Rahmen der Besprechung der Bilanzergebnisse passend sein.

Die unternehmerische Kernaufgabe lässt sich mit dem folgenden Dreierschritt gut abbilden:

1. Analyse der Wirklichkeit
2. Ziele festlegen
3. Handeln zum Abbau des Spanungsbogens von Zielen und Wirklichkeit.

Diesen Vorgang zielführenden Handelns bezeichnet man auch als „Management". Wichtig ist festzuhalten:

- Ohne Ziel ist jeder Weg der falsche.
- Die Zukunft gehört denen, die bereit sind, in der Gegenwart zu handeln.
- Ohne eine ehrliche und realistische Wahrnehmung der eigenen Wirklichkeit kann ich keine Zukunft gewinnen.

Meine persönlichen Ziele

Oft wird vergessen oder vernachlässigt, dass Unternehmer ihre Ziele in zwei Bereichen festlegen sollten: in der Ökonomie und der Lebensqualität. Ökonomieziele sind zum Beispiel Gewinnhöhe, Umsatzrendite oder Eigenkapitalbildung.

Ziele im Bereich Lebensqualität sind zum Beispiel die Höhe der Konsumausgaben, die Freizeit oder auch die Wohnsituation.

Festlegungen in einem der beiden Bereiche haben in der Regel immer auch Folgen für den anderen. So kann nur mit einer gewissen Arbeitszeit auch ein gewünschter Gewinn erwirtschaftet werden, und das hat Folgen für meine Freizeit oder Urlaubswünsche. Daher ist die Zielfestlegung ein durchaus schwieriger und auch langwieriger Prozess, der ein hohes Maß an folgenden Qualitäten voraussetzt:

- Bereitschaft und Fähigkeit zur Kommunikation miteinander.
- Klares Arbeiten mit belastbaren eigenen Zahlen und Fakten aus der Buchführung und weiteren betrieblichen Dokumentationen, insbesondere was die Arbeitszeiten anbelangt. Hier besteht häufig ein großes Defizit, das versucht wird, durch gefühlte Realität oder frühere Erfahrungen auszugleichen
- Willen und Fähigkeit, eigene Erwartungen und Wünsche an Leben und Arbeiten klar zu formulieren und sich nicht wegzuducken nach dem Motto *„Schauen wir mal"* oder *„Irgendwie wird es schon gehen"*, denn dann holen mich die Arbeitsbelastung und die finanziellen Sorgen irgendwann gnadenlos ein.
- Die Klarheit, was sowohl die Wirklichkeit als auch die Ziele und Wünsche anbelangt, kann Probleme oder Konflikte klären. Was ich nicht formulieren kann, kann ich auch nicht erreichen, deshalb sind Sprachfähigkeit und analytisches Denken zentrale Grundtugenden von Unternehmern.

Setzen Sie sich eigene Ziele!

... denn Sie müssen jeden Tag für deren Erreichung arbeiten – nicht die Fachzeitschrift, der Verbandsvertreter, der Professor oder Ihr Nachbar oder irgendwelche anderen Einflüsterer von innen oder außen. Bedenken Sie immer: Es ist Ihr Leben, und Sie dürfen darüber entscheiden, wohin und wie Ihre Lebensenergie fließen soll.

Natürlich haben Empfehlungen zu Gewinnhöhe oder Jahresarbeitszeit ihre Berechtigung. Aber das allein ist für Ihr Leben und Ihre Unternehmensentwicklung einfach zu wenig.

Weil jeder:

- ganz verschiedene Vorstellungen davon hat, wie er leben will.
- unterschiedlich leistungswillig und -fähig ist.
- die Gegenwart und auch die Zukunft verschieden wahrnimmt und einschätzt.
- zum Risiko verschieden eingestellt ist.
- unterschiedlich Fähigkeiten, Kompetenzen und Begabungen hat.
- sich in einer ganz anderen Lebenssituation befindet.

- in einem anderen familiären Umfeld lebt.
- seine eigenen Werte, Traditionen oder Lebenshaltungen hat.

Zeitmanagement

Zeitmanagement ist ein Werkzeug bei der Unternehmensführung, das zwingend klare, konkrete, messbare Unternehmensziele und eine ehrliche und lückenlose Dokumentation der eigenen Arbeitsleistung und damit Arbeitszeit verlangt.
Eine einfache Methode ist die sogenannte ALPEN-Methode von Lothar Seiwert, damit können ganz einfach Tages- oder Wochenpläne erstellt werden:

- **A**ufgaben festlegen (Tag, Woche...).
- **L**änge einschätzen: Geben Sie allen Aufgaben eine Vorgabezeit, in der diese von Ihnen erledigt werden können.
- **P**ufferzeit einplanen: Schlagen Sie zu allen Vorgabezeiten eine Pufferzeit dazu, weil es immer Störungen, Unterbrechungen und Probleme gibt. Dieser Zuschlag ist ganz individuell je nach Aufgabe und Person und braucht etwas dokumentierte Erfahrung. Also – beim Pflügen reichen mir 5 %, aber bei Kundenkontakten sind bei mir 30 % sinnvoll.
- **E**ntscheiden über Prioritäten: Oft nimmt man sich einfach zu viel vor ... und dann ist es gut, Prioritäten festzulegen.
  - Priorität A: **sehr wichtig** (ökonomisch und/oder persönlich) und ich muss es machen.
  - Priorität B. **durchschnittlich wichtig** und zumindest mittelfristig delegierbar.
  - Priorität C: **wenig wichtig** und auf alle Fälle delegierbar.
  - Legen Sie also die Reihenfolge Ihrer Aufgaben von A über B nach C fest.
- **N**achkontrolle: ganz wichtig! Kontrollieren Sie Ihre Arbeitsergebnisse – es kann zu einem Erfolgstagebuch werden, das bestärkt Sie in einer guten Arbeitswirtschaft!
- Was Sie geschafft haben, bitte genussvoll wegstreichen!
- Was nicht erledigt wurde (warum auch immer):
  - neuer Termin,
  - Aufgabe delegieren,
  - Die Aufgabe „sein lassen“.

Sammeln Sie alle nicht termingebundenen Aufgaben in einen **Arbeitsspeicher,** dann können Sie nicht verbrauchte Pufferzeit oder Regentage mit sinnvollen Aufgaben verbringen, wenn Sie das wollen! Und ganz wichtig: Der Speicher muss einmal pro Jahr leer sein, sonst überfordern Sie sich.

Ein Beispiel zum Thema „Gewinnhöhe“:

Der Dreigenerationenbetrieb mit Milchvieh, der einen neuen Stall bauen will für den Hofnachfolger oder der Junggeselle im auslaufenden Kuhbetrieb „brauchen“ in den nächsten Jahren einen ganz verschiedenen Gewinn, um weiterzuwirtschaften. Und das braucht Mut sich selber deutlich wahr und ernst zu nehmen!

Ziele festlegen

Ziele müssen in der Familie abgestimmt werden, vor allem hinsichtlich der Folgen. Beziehungsverträglichkeit von Zielen erscheint mir wichtig. Die Zeit der einsamen Entscheidungen, für deren Folgen die Familie dann z. B. arbeitsmäßig verhaftet wird, sollte vorbei sein. Das gilt insbesondere bei Entscheidungen, durch die auf dem Hof dann viele Gäste und Kunden sind und die Freiheit der Unternehmerfamilie eingeschränkt wird. Da sollten vorher Spielregeln festgelegt werden wie Öffnungszeiten oder die Stallordnung. Dies erst im Konfliktfall zu tun, provoziert immer Verlierer und damit neue Konflikte.

Etwas als Familie mitzutragen, heißt nicht immer auch gleich daran mitzuarbeiten. Auch hier gilt es konkret und klar Vereinbarungen zu treffen, damit nicht dann der Partner hinterher sagen muss: *„Ich habe aber gedacht, du hilfst da schon mit!“*

Ziele sollen konkret und messbar sein: Nur messbare Ziele sind auch kontrollierbar und für den Controlling-Prozess brauchen wir eine eindeutige Ergebnisbeurteilung. *„In ein paar Jahren ein bisschen mehr Umsatzrendite“* ist keine geeignete Zielformulierung. Im Bereich der Ökonomie fällt es noch recht leicht, Messbarkeit herzustellen, für den Bereich der Lebensqualität ist das schon viel schwerer. Da muss ich mir die Mühe machen, mein Freizeit- oder Urlaubsanspruch zu konkretisieren, sonst wird er zur Manövriermasse! Vielleicht zwingt mich das Thema auch zur Dokumentation meiner Arbeit und das kann, wenn man sich realistisch wahrnimmt, auch sehr hilfreich und heilsam sein.

Gewinnmaximierung

Unternehmer sein heißt, sich im Wesentlichen nach dem ökonomischen Prinzip zu verhalten, das besagt entweder ein bestimmtes Ziel mit minimalem Aufwand zu erreichen oder mit definierten Aufwand eine maximale Zielerreichung. Dieses sogenannte Minimax-Prinzip in der Ökonomie sagt nichts anderes, als dass es klug ist, sich Ressourcen sparend zu verhalten. Im System „Unternehmen“ ist dieses Verhalten in der Regel sinnvoll, und das trifft dann für den Gewinnmaximierer genauso für den Minimierer bei der Bedarfsdeckung zu. Methodisch wird dieses Prinzip

Informieren Sie sich einmal über verschiedene Systeme und Bewegungen in der Ökonomie. Das ist interessant und stärkt Ihr Selbstbild als Unternehmer.

bei der Programmplanung oder linearen Programmierung zur Ermittlung der optimalen Betriebsorganisation umgesetzt. Bei diesen Planungsrechnungen wird schnell klar, dass Begrenzungen bei der Optimierung entscheidende Faktoren sind und damit Zielcharakter bekommen. Das können Begrenzungen bei der Fruchtfolge, der Auswahl der Tierhaltungsverfahren oder ethische Werte sein, wie der Verzicht auf die Anwendung der Gentechnik oder ein Verzicht auf Sonntagsarbeit.

Es muss sich im Leben nicht alles rechnen und vieles entzieht sich jeglicher Kalkulation. Je intensiver sich Unternehmer im Rahmen ihrer Ausbildung mit Ökonomie beschäftigen desto notwendiger ist es, auch zu lernen, welche Haltungen und Werte im System „Familie“ sinnvoll und hilfreich sind.

Die Rolle der Beratung

Beratung ist nach dem Verständnis des Philosophen Sokrates „Hebammenkunst“. Wir helfen, dass etwas klar „herauskommt“, aber es ist und bleibt das Baby des anderen.

Unternehmer sind für das Festlegen, Umsetzen und für die Ergebnis ihrer Entscheidungen stets selbst verantwortlich. Der Berater hilft durch Fragen und Fachinformationen zu überschaubaren und nachvollziehbaren zielführenden Entscheidungen in Richtung der individuellen Ziele. Eine wichtige Aufgabe der Beratung ist es, die Folgen der Entscheidungen mit der Familie zu Ende zu denken und zu rechnen, vor allem was die langfristigen und umfassenden Wirkungen anbelangt: Welche Folgen hat das für die Arbeitswirtschaft, die Finanzen, die Organisation ...? Passt das in den Familienzyklus? Wie fehlerfreundlich ist die Entscheidung? Was sind die verschiedenen Optionen?

Landwirte neigen dazu, sich zu früh und zu schnell auf eine Option festzulegen. Beratung hält den Prozess immer wieder offen und moderiert zugleich zielführend.

Was immer wieder auffällt, ist folgende Geschichte: Der Steuerberater berichtet dem Landwirt von einem guten erfolgreichen Jahr und einem satten Gewinn. „*Da sollten wir was machen ...*“

Ja, was wohl?

Steuern sparen durch Kauf von Maschinen oder Traktoren. Und wer hat dann die überhöhten Kosten? Der Landwirt. Der Unternehmer muss die Folgen bei seinen Entscheidungen kennen und sich nicht durch kurzfristige Effekte blenden lassen und dem Volkssport „Steuernsparen“ frönen. Ich habe schon zu viele Steuersparmodelle gesehen, die letztlich dem Landwirt nicht nachhaltig geholfen haben.

Beratung **dient** dem Unternehmer. Gerade diese volatilen Zeiten mit Preishöhen und Preistälern verführen viele Landwirte dazu, bei hohen Preisen in Technik oder Gebäude zu investieren statt in Liquidität, Altersvorsorge oder Lebensqualität zu investieren.

Die Kostendegressionskurve

„Wachse und weiche!"

Immer noch und immer wieder wird in der Landwirtschaft behauptet, es gäbe nur ein „Wachsen oder Weichen" als Möglichkeit der betrieblichen Entwicklung.

Seitdem dies der frühere Agrarkommissar Sicco Mansholt gesagt hat, denken Landwirte, dies wäre die Gestaltungsvorgabe europäischer Agrarpolitik und sozusagen alternativlos. Dem muss deutlich widersprochen werden! So mancher Landwirt wurde dadurch in den „Größenwahn" getrieben, ohne dass es dafür fachliche Gründe und Notwendigkeiten gab.

Der Hintergrund ist die Kurve der Kostendegression: Wenn ich meine Fixkosten auf größere Stückzahlen verteilen kann, sinken die Durchschnittskosten pro produzierter Einheit. Das ist schlicht eine Folge der Logik von fixen und variablen Kosten und ihrer Wirkung auf die durchschnittlichen Gesamtkosten. Das hat mit Politik nichts zu tun, das ist die Logik der Ökonomie, und diese gilt nicht nur in der EU. Die spannende Frage ist: Welche Konsequenz leite ich für mein Unternehmen aus der Tatsache der Kostendegression ab? Was ist meine Strategie, damit umzugehen?

Grenzen des Wachstums

Ökonomische Effizienz kommt von der Überschaubarkeit des Unternehmens durch das Management. Da, wo mir Dinge aus dem Blick geraten, werden sie ineffizient! Man spricht vom sogenannten Kolchoseneffekt. Die gesamte frühere Landwirtschaft ostdeutscher und osteuropäischer Prägung scheiterte letztlich an ihrem Größenwahn. Es gibt dazu eine alte Bauernweisheit: *„Das Auge des Herrn mästet das Vieh!"* Das ist eine große Stärke familiengeführter Unternehmen: Sie enden auch aus ökonomischen Gründen an den Grenzen des Überblickes. Wo diese Grenzen liegen, bestimmen nicht pauschale Berechnungen minimaler Stückkosten, sondern die individuellen Kompetenzen der Führungskräfte, und diese sind bei jedem verschieden. Manche können 400 Kühe erfolgreich betreuen, andere scheitern bei 100.

Intelligenz und Kompetenz haben einen entspannenden und Kapital sparenden Effekt. Wenn Sie in Ihrem Business zu den Besten gehören, nimmt das den Druck, immer wachsen zu müssem

Die zweite Erkenntnis aus der Kostendegressionskurve kennen wir alle: Sei alleine groß! Das ist durchaus vernünftig, ich rate aber dazu, deutlich und ehrlich die Folgen zu bedenken: Wenn wir in offenen Volkswirtschaften wirtschaften und den technischen Fortschritt nicht verbieten, geht die Kurve der Kostendegression immer weiter nach „rechts unten", d.h. die Betriebsgrößen zur Erreichung minimaler

Durchschnittskosten werden immer größer. Wer glaubt, es gäbe irgendwann einen Stillstand, wird sich täuschen. Es gibt eine menschliche Sehnsucht nach Statik, aber sie ist eine Illusion.

Es ist dieser Wunsch aus Goethes Faust: „Wenn ich zum Augenblicke sagte, *‚verweile doch du bist so schön‘* – dann hab ich schon verloren.“ Der Anpassungsdruck ist heute viel schneller und gravierender als eine Generation zuvor. Für das Heute gibt es eben keine Blaupause der Vergangenheit. Wer den Weg des Wachstums gehen will, und man kann ihn nur konsequent weitergehen, sollte sich daher vorher selbstkritisch fragen: *„Halten das mein Hirn, mein Herz und mein Geldbeutel aus?!“*

Vorteile von Kooperation

Deshalb: **Seid gemeinsam groß!** Gemeinsam groß zu sein, ist unter den aktuellen Herausforderungen die ideale Kombination von ökonomischer Effizienz und der Darstellung von Lebensqualität:

- Ich kann die Spezialkompetenz des Berufskollegen nutzen.
- Ich kann in Arbeitsspitzen schlagkräftig sein.
- Aber ich kann auch mal in Urlaub machen und „meine Grippe auskurieren“.
- Wir sollten daher alle Chancen und Formen der Kooperation innerhalb des Berufsstandes, aber auch in der gesamten Wertschöpfungskette konsequenter nutzen. Damit meine ich die Dienstleistungs- oder Arbeitsgemeinschaft bis hin zur Vollfusion. Es geht (fast) alles, aber es braucht dafür passgenaue und originelle Lösungen, und ganz wichtig: Kooperation ist nicht (allein) von Sympathie abhängig, das ist das wichtigste Killerargument gegen Kooperation in der Landwirtschaft.

Kooperation braucht

- Respekt als Grundlage,
- eine klare und offene Kommunikation,
- einen konkreten messbaren Nutzen aller – und der braucht nicht für alle gleich sein,
- einen zielführenden Vertrag mit der Klausel des Scheiterns bzw. der Auflösung,
- klare Vereinbarung über Kosten und Entlohnungen.

Was dieses Thema nach vorne bringt, sind positive Beispiele von Kollegen. Die Kooperation soll dann für Sie eine Lösung sein, nicht für Ihren Nachfolger. Das muss man bei der Vertragsgestaltung auch mitbedenken.

Ein Weiteres: Beziehen Sie in die Kooperation nur so viel wie wirklich notwendig an Personen und Vertragstext mit ein, man muss flach spielen, um hoch zu gewinnen!

Klein und effizient

Vielleicht überraschend aber ökonomisch genauso richtig: **Sei klein und besonders!** Wenn Verbraucher bereit sind, für Ihr Produkt oder Ihre Leistung mehr zu bezahlen, dann können Sie auch mit einer kleinen Produktion ökonomisch effizient arbeiten. Das können bestimmte Produktionsverfahren sein, die originelle Verarbeitung oder das tolle Zimmer auf einem romantischen Bauernhof. Hier sind besonders Kompetenzen in den Bereichen Kommunikation und Marketing gefragt, und die haben Landwirte genauso wie anderen Branchen! Klein ist nicht besonders schön oder kuschelig, da steckt genau so viel Kompetenz und Leidenschaft drin wie bei den Wegen der Größe. Es ist ein Weg, der eher auf persönliche Stärken als auf Kapital setzt.

Mir ist dabei wichtig zu betonen: Ich will diese Optionen nicht bewerten, sondern offener halten als in der aktuellen Debatte. Ich will ermutigen, den ganz eigenen Weg zu finden und dann auch konsequent zu gehen. Egal was Sie machen: Seien Sie an der Spitze, seien Sie schnell und bedenken Sie, dass auch gelten könnte: lieber gemeinsam vorne als einsame Spitze.

„First better, than bigger“ (sinngemäß: das Wichtigste ist, der Beste zu sein und dann können Sie wachsen!)

Auslaufender Betrieb

Schließlich: Wenn Sie, warum auch immer, keine Zukunft in der Landwirtschaft sehen, ziehen Sie sich geordnet, rechtzeitig und planvoll zurück. Zu scheitern ist manchmal der bessere Weg, denn es geht immer um das Glück von Menschen und nicht von Betrieben oder Traditionen. Sich geordnet zurückzuziehen heißt z. B., eine klare De-Investitionsstrategie zu fahren. Mit anderen Worten: seine Abschreibungen zu verbrauchen, das Betriebsvermögen nach unten und sein Privatvermögen nach oben zu entwickeln. Bei diesem Weg sind vom Ökonomischen her insbesondere Fragen der Investition und der Steuern in den Blick zu nehmen. Vom menschlichen Aspekt her geht es um das Vorbereiten aufs Loslassen.

Entscheidende Weichenstellung im Familienbetrieb – die Hofübergabe

Ich mache seit ungefähr dreißig Jahren Hofübergabeseminare. Am Anfang frage ich immer, welche Fragen die Teilnehmer mitgebracht haben, da kommen dann die üblichen Fragen aus dem rechtlich-wirtschaftlichen Bereich wie Abfindung weichender Erben oder die Höhe des Altenteils. Nach weiterem Nachfragen ist irgendwann Ruhe. Ich bestehe dann auf die Nennung weiterer Fragen, bis irgendwann jemand stellvertretend für alle die erlösende Frage stellt: Wie kann man die Hofübergabe steuerminimierend gestalten? Die Hofübergabe ist kein Steuersparmodell, da geht es um die Frage der Gerechtigkeit, die sich für die Familienmitglieder eben auch in Vermögen ausdrückt, das die Eltern ihnen als Kinder schenken. Gerechtigkeit ist aber eine vollkommen andere Liga als Gleichheit. Gleichheit hieße Vermögen der Eltern geteilt durch die Zahl der Kinder, Gerechtigkeit ist ein Beziehungs- und damit Kommunikationsgeschehen. Damit die Hofübergabe trotz aller Probleme und vielen komplexen Fragen gelingt, muss man Folgendes beachten:

1. Die Steuerung des Hofübergabeprozesses ist Sache der Eltern, die damit rechtzeitig beginnen sollten. Wenn die Eltern Mitte 50 sind, sollten die ersten Überlegungen beginnen, dann kann man in Ruhe verschiedene Optionen prüfen (welche/s Kind/er, außerfamiliär ...) und auch Investitionen abwägen. Späte Investitionen mit Fremdkapital und viel Arbeit binden die Hofnachfolger an den Hof und zwingen sie in eine nicht selbst gewählte Betriebsorganisation.
2. Es gibt zwar Musterformulare für den Vertrag, aber es gilt generell Vertragsfreiheit, die man nutzen kann, um zu ganz individuellen Vereinbarungen zu kommen.
3. Es ist wichtig, diesen Prozess in der Familie gemeinsam zu starten, damit niemand den Eindruck bekommt, vom Herrschaftswissen, z. B. der Eltern, dominiert zu werden.
4. Am runden Tisch sollten sich zu Hofübergabegesprächen alle versammeln, die zur Familie gehören. Die Schwiegerkinder gehören nur in Ausnahmesituationen dazu.
5. Es gilt zu respektieren, dass der Blick auf diesen Prozess für jede der Parteien logischerweise ein ganz anderer ist: Übergebende, Übernehmende und die weichenden Erben nehmen diesen aus ihrem Blickwinkel wahr. Es gilt alle Interessen und Bedürfnisse zu akzeptieren und daraus eine Gesamtlösung, einen Konsens, zu finden.

Bei allen Fragen gilt als Richtschnur: *„Ich schenke dir mit meinem Vermögen die Freiheit, es für dich sinnvoll zu nutzen. Ich sichere zugleich mein Altenteil damit ab und stelle Gerechtigkeit mit den anderen Kindern her, denn es bleiben alle Kinder ihrer Eltern und nicht nur der Hofnachfolger!“*

Hofübergabe braucht zwei Sätze, damit sie gelingt: Der Satz der Eltern: *„Ich vertraue dir mein Vermögen an. Mach was draus, was dir nützt!“* und der Satz der Kinder: *„Danke für dein Vertrauen und das große Geschenk!“*

So geht den Kindern das Herz auf, und es befreit sie von der Last, dass damit ihre Zukunft festgelegt ist.

Joe Cocker hat das unübertrefflich gesungen: *„Jede Generation hat ihren eigenen Weg, du darfst ungehorsam sein!“* (Joe Cocker, Nòubliez jamais, 1997)

Dümpeln ausdrücklich erlaubt

Immer wieder hört man bei Veranstaltungen und Seminaren den Satz: „*Stillstand ist Rückschritt*“. Natürlich sind landwirtschaftliche Betriebe und Unternehmen aufgrund sich verändernden Rahmbedingungen und anderen Umständen immer wieder angehalten, sich weiterzuentwickeln, aber manchmal befindet man sich in Lebensphasen und Situationen, in denen man eben nicht ganz selbstverständlich wissen kann, was gerade dran ist und was man will. Dann darf man ruhig auch mal 1–2 Jahren „dümpeln“, um herauszufinden, was jetzt an Entscheidungen oder Schritten gut wäre. Das ist eine durchaus produktive Phase, und wir müssen wegkommen von dem Mantra, dass Unternehmer immer ganz genau wissen, wohin sie auf dem Weg sind. Das ist eine unmenschliche Überforderung!

Natürlich ist Dümpeln keine Lebensstrategie, aber eine durchaus berechtigte und sinnvolle Strategie für begrenzte Zeiten, und dazu will ich ausdrücklich ermutigen. Entscheidungen nach dem Dümpeln sind oft kraftvoll und überzeugend. Eine Parallelität ist der Rückzug vieler Manager in Klöster in die Klausur. Leistungsfähigkeit kann eben auch entstehen, wenn ich mir das genaue Gegenteil in meinem Leben erlaube.

Die Natur macht es uns vor: ohne Ruhephasen kein Wachstum!

Die Zukunft nicht „verbauen“

Heute bauen manche landwirtschaftlichen Unternehmer auf einen Schlag hin große Betriebseinheiten, vor allen Dingen im Tierhaltungsbereich. Tut man das im Alter von 30–40 Jahren, kann man nicht unbedingt sicher sein, dass diese Investition eine Generation lang ökonomisch trägt. Es kann durchaus nach 6, 8, 10 Jahren wieder anstehen, z. B. den Kuhstall zu erweitern. Landwirte sollten daher bei Investitionsentscheidungen darauf achten, dass Anschlussinvestitionen problemlos möglich sind, sowohl was die Technik anbelangt als auch, ob diese ökonomisch darzustellen sind. Man kann durchaus groß denken, doch das heißt auch, die Anschlusserweiterungsinvestitionen bei jetzigen Investitionsentscheidungen mitzudenken. Ich möchte damit nicht zum Größenwahnsinn aufrufen, aber ich denke, dass durchaus das Thema „doppeln“ oder „spiegeln“, also die Betriebsgrößenerweiterung im Baukastensystem – ein wichtiges strategisches Instrument der Betriebsentwicklung ist. Vorerst bewahre ich mir eine preiswerte oder kostengünstige Option der Betriebsentwicklung, indem ich die Vergrößerung planerisch schon mitdenke und auch mitkalkuliere.

Achten Sie beim Investieren darauf, dass Anschlussinvestitionen möglich sind. Bedenken Sie dazu ökonomische und technische Details.

Erfolgreiche Landwirtschaft braucht Humus

Der Humus, auf dem erfolgreiche familiengeführte landwirtschaftliche Unternehmen wachsen, sind gelingende Beziehungen in der Familie, vor allen Dingen bei den Ehepaaren oder Lebenspartnern und zwischen den Generationen. Das Bild vom Humus ist für diesen Sachverhalt ganz wichtig und auch zielführend. Der Humus hat Qualitäten, die auch tragfähige Beziehungen haben: Er ist eine langsam, aber stetig fließende Kraftquelle für Wachsen und Gedeihen, wenn er regelmäßig gepflegt wird. Weiterhin ist der Humus eine lebendige und belebende Sache, und er verleiht Stabilität für das, was darauf und daraus wächst, und schließlich landet man weich, wenn man mal scheitert und „fällt"!

Wenn ich von Beziehungen zwischen Personen spreche, geht es um das Thema „Respekt" im Sinne von Wertschätzung: *„Ich liebe dich so wie du bist und nicht, weil du so schön oder leistungsfähig oder erfolgreich bist." „Du darfst ausdrücklich deine eigenen ganz originellen und individuellen Wege durchs Leben gehen und auch genauso den Betrieb gestalten und entwickeln."*

Respekt ist das Schmieröl für leicht laufende Lebens- und Unternehmensräder! Du darfst dich selbst leben und musst nicht andere kopieren. Dies ist die Ermutigung, Regisseur im eigenen Leben zu sein. *„Was du ererbst von deinen Vätern, erwirb es, um es zu besitzen"*, meint diese produktive Aneignung bei der Hofübergabe. Da wird Vermögen verschenkt mit dem Vertrauen, dass es die Übernehmer auf die ganz eigene Weise nutzen. Diese Botschaft der Freiheit wäre eine Befreiung für viele Hofnachfolger, die viele Energien und Kreativität freisetzen könnte.

Zwei Konfliktfelder begegnen mir in der Beratungs- und Seelsorgearbeit immer wieder und bereiten vielen Menschen Sorgen.

Starke Väter – starke Söhne

Viele erfolgreiche Väter haben „Gott sei Dank" auch starke Söhne. Das führt in vielen Betrieben zu verschiedenen Konflikten von Kleinigkeiten bis hin zu Fragen der richtigen Unternehmensstrategie. Manchmal muss dann die Ehefrau des Vaters noch eine Chefdiplomatenausbildung machen, damit sie in diesen fast täglichen Konflikten vermitteln kann. Das ist aber keine Lösung. Väter und Söhne müssen lernen, miteinander respektvoll und wertschätzend, aber auch offen und klar umzugehen.

Besprechen Sie strategische Fragen in Ruhe und sachlich gemeinsam. Versuchen Sie, die übrigen Arbeitsfelder so aufzuteilen, dass jede/r sein eigenes Spielfeld hat.

Es soll nicht so sein wie in dem folgenden Beispiel: Ein starker Sohn kehrt nach der erfolgreichen Ausbildung im Bereich Landwirtschaft zu seinem Vater zurück und verkündet, dass er gerne jetzt zu Hause mitarbeitet, um dann die Hofnachfolge anzutreten. Daraufhin der Vater: *„Schön, dass du jetzt da bist, um mich zu unterstützen, aber merke dir bitte: Jeder Bauernhof hat genau nur einen Misthaufen, auf dem kräht genau nur ein Gockel und der bin ich!"*

Ich habe schon oft genug erlebt, dass nach Jahren solcher Kämpfe die jungen Männer mit ihren Ehefrauen und kleinen Kindern über Nacht von den Betrieben wegziehen, weil sie diesen ewigen Kleinkrieg nicht mehr ertragen können. Wir müssen daher Feuer austreten, wenn sie klein sind. Männer, und gerade auch Männer in der Landwirtschaft, sind erfahrungsgemäß nicht zu kommunikativ, sodass wir insbesondere darauf achten müssen, dass hier regelmäßig in einer guten Art und Weise miteinander gesprochen wird. Eine gute Übung wären hier regelmäßige Arbeitsbesprechungen, aber bitte nicht beim gemeinsamen Mittagessen. Da geht es um das Genießen und um Familiengespräche.

Zum Ehepartner stehen

Viele eingeheiratete Frauen in landwirtschaftlichen Betrieben oder Frauen, die mit jungen Hofnachfolgern in einer Partnerschaft leben, machen die Erfahrung, dass gerade da, wo der Hof noch nicht übergeben ist, bei Konflikten der „junge Mann" oft zu seinen Eltern hält und damit die junge Frau alleine im Regen stehen lässt. Das sind starke Kränkungen und Verletzungen, die auf Dauer nicht gut auszuhalten sind. Deswegen ist es wichtig, dass junge Männer lernen, zu ihrer Frau zu stehen, und sich damit klar von den Eltern abgrenzen. Distanz schafft auch hier Nähe.

Gerade in den ersten Jahren von Ehen und Partnerschaften ist es wichtig, dass ein Paar einen Vorrat an Gemeinsamkeiten entwickelt (Hobbies, Interessen, Werte, ...). Damit schaffen sie einen stabilen Anker für ihre Ehe und Partnerschaft.

Damit dies die jungen Männer schaffen, müssen sie sich erfolgreich von ihrer Mutter abnabeln, was bedeutet, auch das Hotel-Mama zu verlassen, damit sie eine starke eigene Persönlichkeit werden. Leider gelingt es gerade in der Landwirtschaft immer noch zu wenig. Auch deswegen ist es sinnvoll, dass die Hofnachfolger ein paar Jahre von zu Hause weg sind, das schafft attraktive und starke Partner für die Frauen. Für die Frauen wiederum, die dann mit einem Landwirt verheiratet oder liiert sind, geht es nicht darum, die Biografie der Schwiegermutter fortzusetzen. Miteinander durch das Leben zu gehen heißt, jemand steht zu mir und trägt mich. Es heißt aber nicht unbedingt, dass dieser jemand im Betrieb mitarbeitet. Auch dies muss die ältere Generation noch viel stärker im Blick haben und auch hier neue Freiheiten gewähren, schenken und sich nicht nur abringen lassen.

Solche Abgrenzung der jungen Männer von ihren Eltern gelingt oft nicht gut und ist dennoch notwendig. Hier stimmt die Volksweisheit: *„Blut ist dicker als Wasser."* Bei einem ökonomisch erfolgreichen Familienbetrieb ist aber wichtig, dass nicht das Blut dominiert, sondern gerade, was die betrieblichen Entscheidungen anbelangt, mit Wasser gekocht wird.

In dieser Balance von Wirtschaftlichkeit und Lebensqualität haben familiengeführte Unternehmen eine gute Perspektive. Es gilt daher eben nicht ein *„entweder oder"* sondern ein *„sowohl als auch"*. Dann ist das Leben gut und die Arbeit lohnt sich!

3

Familien

Wovon sie leben und wie sie sich entwickeln

Wer bin ich und wo will ich hin?

„Wer den Hafen nicht kennt, in den er segeln will, für den ist kein Wind der richtige."
Lucius A. Seneca (4 v. Chr. – 65 n. Chr.)

Wenn Sie wissen, wer Sie sind und wo Sie hinwollen, dann sind Sie entscheidungsfähig. Wenn Sie sich bewusst machen, was Ihnen wichtig ist und was Sie glücklich macht, dann können Sie aus der Fülle der Möglichkeiten genau das auswählen, was Sie glücklich macht.

Im Laufe der Zeiten ist die einzelne Person in unserer Gesellschaft immer bedeutsamer geworden, das Streben nach Selbstbestimmung und Freiheit scheint im Wesen des Menschen angelegt zu sein. Dieser Megatrend wird Individualisierung genannt und führt auch in der Landwirtschaft zu einer enormen Vielfalt an Betriebskonzepten und Lebensmodellen. Heute haben wir die Freiheit und die Qual der Wahl, wir entscheiden selbst, mit wem, wo und wie wir leben und welchen Beruf wir ergreifen. Wir haben viel mehr Möglichkeiten als vorangegangene Generationen, leider macht das unser Leben nicht unbedingt leichter. Immer mehr Entscheidungen müssen wir selbst treffen, anstatt einfach das zu übernehmen, was »man« tut. Soziologen sprechen von *Entscheidungszumutungen*, und sie haben Recht – nicht selten fühlen wir uns dabei überfordert. Sich nicht zu entscheiden und die Dinge einfach laufen zu lassen, wäre zunächst die einfachere Lösung, ist aber selten eine gute Idee, denn wir sind auch für das verantwortlich, was wir nicht tun. Wie der Bauernsohn Michail Gorbatschow im Jahr 1989 anlässlich der Wende in der DDR sagte: *„Das Leben verlangt mutige Entscheidungen. Wer zu spät kommt, den bestraft das Leben."*

Je besser wir uns selbst kennen, desto mehr können wir zu guten Gemeinschaften in einer friedlicheren Welt beitragen. *„Bist du mitfühlend mit dir selbst, versöhnst du alle Wesen auf der Welt"*, besagt schon ein alter chinesischer Weisheitsspruch.

Selbstreflexion – Tagebuch

- Was zeichnet Sie aus? Was fehlt Ihnen?
- Haben Sie eine Vorstellung davon, was Sie glücklich und zufrieden macht?
- Haben Sie schon mal über die nächsten 2, 5 oder 10 Jahre nachgedacht?
- Welche Wunschträume haben Sie?
- Wie möchten Sie leben und arbeiten?

Wer bin ich? Was kann ich? Was will ich? Das herauszufinden ist keine leichte Aufgabe. Es ist ein Prozess, der nie aufhört und zur Entwicklung der Persönlichkeit gehört, und dabei ist es wichtig, mich selbst so anzunehmen wie ich bin.

Ich bin ich – Mein Bekenntnis zur Selbstachtung

- Auf der ganzen Welt gibt es niemanden, der genauso ist wie ich.
- Es gibt Menschen, die mir in vielem gleichen, aber niemand gleicht mir aufs Haar.
- Deshalb ist alles, was von mir kommt, mein Eigenes, weil ich mich dazu entschlossen habe.

...

- Weil ich mir ganz gehöre, kann ich mich näher mit mir vertraut machen.
- Dadurch kann ich mich lieben und alles, was zu mir gehört, freundlich betrachten.
- Damit ist es mir möglich, mich selbst zu entfalten.
- Ich weiß, dass es einiges an mir gibt, das mich verwirrt und manches, das ich noch gar nicht kenne.
- Aber solange ich freundlich und liebevoll mit mir umgehe, kann ich mutig und hoffnungsvoll nach Lösungen für Unklarheiten schauen und Wege suchen, mehr über mich selbst zu erfahren.

...

- Ich bin ich
- Und so wie ich bin, bin ich ganz in Ordnung.

Virginia Satir (1976)

Krisenbewältigung – Widerstandskräfte – Resilienz

Viele Bauernfamilien sind an der oberen Belastungsgrenze. „*Bleibt auf dem Lande und wehret euch täglich*", meinte ein 86 Jahre alter Landwirt neulich augenzwinkernd zu mir. Doch wie geht das am besten? Auch die Wissenschaft befasst sich mit der Frage, wie Leben trotz widriger Umstände gedeihen kann. Das nennt sich Resilienz. Was ist das? Resilienz ist eine Kraft, die Mut macht! Das lateinische *resilire* bedeutet zurückspringen oder abprallen. Resilienz ist ein Begriff aus der Technik, der die Fähigkeit eines Materials beschreibt, nach Verformung wieder in seinen Ausgangszustand zurückzukehren. Ingenieure benennen damit auch die Eigenschaft technischer Einrichtungen, nicht völlig zu versagen, selbst wenn Teile ausfallen. Schon die Herkunft des Begriffs weist uns anschaulich darauf hin, worum es hier geht.

Inzwischen beschäftigen sich auch Psychologie, Medizin und Pädagogik mit Resilienz. Sie verstehen darunter die Anpassung an die Herausforderungen des Lebens, vergleichbar einem Stehaufmännchen. Dieses richtet sich auch nach harten Schlägen aus jeder beliebigen Lage wieder auf. Es mag zwar heftig hin- und herpendeln, findet aber immer wieder zurück in sein Gleichgewicht. Resilienz ist die Fähigkeit, sich nach einer Krise wieder zu erholen und möglicherweise sogar gestärkt daraus hervorzugehen. Sie begegnet uns jeden Tag, wenn wir beobachten wie Wunden heilen, wie unsere Immunabwehr funktioniert und wie sich unser Körper im Schlaf regeneriert.

Die Entwicklung von Resilienz ist nicht auf die Kindheit beschränkt, wir sind lebenslang in der Lage, Widerstandskräfte zu erwerben. Über die Eigenschaften, die einem Menschen helfen, das Puzzle seines Lebens, seines Ichs, aus eigener Kraft wieder zusammenzufügen, sind sich die Forscher einig: Beziehungsfähigkeit, Hoffnung, Selbstständigkeit, Fantasie, Kreativität, Unabhängigkeit, Humor, Entschlossenheit, Mut, Einsicht und Reflexionsfähigkeit.

Kraftquellen – Ressourcen

Widerstandsfähige Menschen gehen davon aus, dass sie auch schwierige Situationen letztlich erfolgreich meistern. Sie greifen dabei zurück auf persönliche und sozial vermittelte Kraftquellen, die sogenannten Ressourcen. Ressource steht für Rohstoff und Energie, Ressourcen sind Schätze, beispielsweise Bodenschätze. Ressource heißt ursprünglich zurück zur Quelle – aus französisch *source* = *Quelle* und lateinisch *re* = *zurück*. Ressourcen sind also Quellen, es sind die Mittel und Hilfsmittel, die wir zum Leben brauchen. Solche Kraftquellen liegen sowohl in uns selbst – zum Beispiel Liebe und Begeisterung – als auch in unserer Umwelt. Beide Komponenten beeinflussen sich gegenseitig. Welche besonderen landwirtschaftlichen Ressourcen können wir ausfindig machen?

Tiefe Wurzeln

Stellen Sie sich einen Baum vor, der für Ihr Leben steht. Er besteht aus Wurzeln, Stamm und Krone. Dieser Baum war einmal klein und ist inzwischen mächtig gewachsen. Er ist einzigartig und unverwechselbar, und kein anderer sieht genau gleich aus. An seinen Zweigen wachsen Blätter und Früchte, sein Stamm dient als Energiespeicher, und seine Wurzeln geben ihm Halt und versorgen ihn mit wassergelösten Nährstoffen. Wurzeln sind sogar in der Lage, weitere Nährstoffquellen im Boden zu erschließen. Sie sind die Voraussetzung dafür, dass ein Lebewesen wachsen, blühen und gedeihen kann.

Mein Lebensbaum

Stellen Sie sich Ihr Leben als Baum vor, malen Sie diesen wie ein Kind auf Papier. Anschließend stellen Sie sich ein paar Fragen wie zum Beispiel:

- Wo liegen meine Wurzeln? Wie sehen sie aus? Was sind meine Nährquellen?
- Wie sieht mein Stamm aus? Was enthält er?
- Was sind die Hauptäste, wie könnte ich sie benennen?
- Welche Äste / Zweige sind verkümmert? Welche möchte ich weiterentwickeln?
- Was für Blätter trage ich? Welche Früchte?
- Welche Blätter / Früchte möchte ich abwerfen?
- In welcher Jahreszeit befinde ich mich zurzeit?
- Ist die Umgebung passend für mich?

Auch für Paare geeignet ☺
Beide malen ihren Lebensbaum und tauschen sich mit dem Partner aus.

Menschen in der Landwirtschaft haben tiefe Wurzeln, denn sie sind fest in der Tradition, in ihrem kulturellen Erbe verankert. Immer mehr Menschen suchen heute nach Wurzeln und was kann besser „erden“ als Landwirtschaft und die Natur? Zukunft braucht Wurzeln und mir persönlich bereitet es Freude, in den dickleibigen landwirtschaftlichen Hausbüchern aus dem 16. bis 19. Jahrhundert zu schmökern. Wir finden hier Regeln für den Umgang miteinander und auch was bei Kriegs- und Seuchengefahr zu tun ist. Die Hausbücher enthalten immerwährende Kalender mit Heiligentagen und kirchlichen Festen, astronomische Hinweise, Wetterregeln und die Arbeiten im Jahreslauf, behandelt wird die gesamte Hauswirtschaft mit Kochen und Backen, Vorratshaltung, Wäschepflege, Hausapotheke und vielem mehr. Weiter geht es mit Ackerbau und seinen Nebenbetrieben Brauerei, Brennerei, Müllerei, es geht um Forstwirtschaft und Jagd, Wasserbau, Weinbau und Kellerwirtschaft, Obst- und Gartenbau, Groß- und Kleintierhaltung inklusive Bienen und Seidenraupen, Fisch- und Vogelfang. Es ist unglaublich, welche Fülle an Lebenswissen in diesen Hausbüchern versammelt ist und über die Generationen bis in die heutige Zeit weitergegeben wurde.

Wir zwei

In den meisten landwirtschaftlichen Familienbetrieben steht ein Paar im Zentrum des Geschehens, und das ist schon seit mehr als 2500 Jahren so.

Im antiken Griechenland hieß der Hof Oikos, wörtlich übersetzt „Haus“. Auch die für die Landwirtschaft zentralen Begriffe Ökologie und Ökonomie kommen hieraus.

Der Oikos war Lebensgrundlage der Hausgemeinschaft, und es war Aufgabe der Eheleute, ihn in gemeinsamer Anstrengung bestmöglich zu erhalten und auf ehrliche und gerechte Weise zu vermehren. Die Ehepaare kooperierten in gleichwertiger Weise und trugen gemeinsam die

Verantwortung für das Überleben der Hausgemeinschaft. Für die Zeit der Hausbücher in der sogenannten Ständegesellschaft galt das ebenfalls: Männliche und weibliche Arbeitsbereiche standen gleichberechtigt nebeneinander, sie ergänzten sich gegenseitig und waren wechselseitig voneinander abhängig. Das landwirtschaftliche Ehepaar war immer schon ein gutes Team!

Vereinbarkeit von Beruf und Familie – guter Lebensraum

Kennen Sie einen besseren Ort als einen Bauernhof, um Beruf und Familienleben zu vereinbaren? Die räumliche Nähe ermöglicht beiden Ehepartnern, der Familie und dem Betrieb innerhalb kürzester Zeit zur Verfügung zu stehen, in Krisenfällen gemeinsam zu entscheiden und sich auch im Alltag gegenseitig zu unterstützen. „*Ich kann fast immer mit meiner Frau und meinen Kindern zusammen frühstücken, das Mittag- und Abendessen einnehmen. Die gemeinsame Zeit ist mir sehr viel wert. Außerdem begleiten mich meine Kinder im Stall oder auf dem Traktor und erfahren so, was Papa arbeitet. Läuft etwas schief im Stall oder mit den Maschinen, und ich sehe meine Kinder auf dem Hof toben, ist der Frust schnell vergessen*“, berichtet ein 38-jähriger Landwirt. Die Nähe von Arbeitsplatz und Familie ermöglicht eine Vielzahl individueller Arbeits- und Lebensmodelle.

Bauernhöfe sind ein idealer Lebensraum für Kinder. Es gibt genügend Platz drinnen und draußen, viel Auslauf zum Toben und Schreien, Verstecken und Hüttenbauen. Welches Stadtkind hat solche Möglichkeiten? Unsere Kinder leben „im Grünen und Ganzen“ und machen existenzielle Erfahrungen mit Geburt, Wachstum und Sterben. Auf dem Bauernhof ist Natur- und Erlebnispädagogik inklusive mit dem unschätzbaren Vorteil, dass die Kinder ihre Umwelt selbst entdecken und nicht an Programme gebunden sind. Landwirtskinder erleben Eltern und Großeltern bei der Arbeit und irgendjemand ist immer greifbar. Das sind die besten Voraussetzungen, um zu tüchtigen, verantwortungsvollen und selbstbewussten Erwachsenen heranzuwachsen.

Bindung an Hof und Heimat

Eine weitere Ressource bäuerlicher Familien ist ihre Verbundenheit mit Hof und Heimat: „*Heimat steckt in Leib und Blut, die kriegt man nicht weg. Man kann die Heimat verlassen, aber man wird ihr immer verbunden bleiben. Ich werde mein ganzes Leben in meiner Heimat verbringen. Alles zu verkaufen und mir ein schönes Leben im Süden zu machen, das käme für mich nie infrage*“, ist eine typische Aussage von Landwirten.

„*Du min Hof und ich din Bur*“, lautet ein Titel des Kabarett-Duos „Bure zum Alange“ – Bauern zum Anfassen. Ins Hochdeutsche übertragen geht es weiter: „*Du gehörst mir und gehörst mir nicht, bist mir geliehen für eine kurze Zeit. Menschen kommen, und sie werden gehen, doch der Hof, der bleibt stehen. Du gibst mir Halt, und du gibst mir Kraft, hältst mich fest, bist auch Ballast. Trägst das Erbe von Generationen. Wenn du meinst, es tut sich nicht mehr lohnen, doch die eigenen Stückle Feld, kannst du bezahlen nicht mit Geld.*" Heimat ist ein Platz, der uns Sicherheit und Halt gibt und die Kraft, uns weiterzuentwickeln. Ein Hof bedeutet Heimat, auch für diejenigen, die weggezogen sind. Landwirtschaftliche Familien wissen ganz genau, wo sie zu Hause sind – wer kann das heutzutage schon noch von sich sagen?

Resilienz beschreibt die psychische Widerstandsfähigkeit. Je höher die Resilienz, desto höher ist die Fähigkeit, Krisen zu bewältigen und sie durch Rückgriff auf persönliche und sozial vermittelte Ressourcen als Anlass für Entwicklungen zu nutzen.

Generationenverbund und Netzwerke

Eine amerikanische Resilienzstudie untersuchte den Lebensweg von Landwirtskindern, die in der großen Farmkrise der 1980er-Jahre aufgewachsen waren (Elder und Conger 2000). Zigtausende von Bauernfamilien waren in den Bankrott geraten und mussten ihre Höfe verlassen. Trotz dieser widrigen Umstände wuchsen die Farmkinder zu leistungsstarken und sozial gut integrierten Erwachsenen heran. Was waren die Gründe dafür? Auf drei der vier wesentlichen Schutzfaktoren soll an dieser Stelle hingewiesen werden:

1. Starke Bindungen zwischen den Generationen.
2. Starkes Engagement der Eltern.
3. Engagement der Kirchen, der Schulen und der ländlichen Gemeinschaft.

Allgemein gesprochen: Ein stark ausgeprägtes Zugehörigkeitsgefühl zu Familie, Gruppe und Gesellschaft ist ein entscheidender Baustein für Resilienz.

Zukunftsforscher meinen, dass das Leben von morgen wieder ein Leben in der Mehrgenerationen-Gesellschaft sein wird. Die Bundesrepublik Deutschland hat ein Aktionsprogramm Mehrgenerationenhäuser ausgerufen, um das Miteinander und die gegenseitige Unterstützung von Jung und Alt neu zu beleben. Auf den Höfen ist das seit langem gelebte Tradition, hier schlummern ungeahnte gesellschaftliche Potenziale. In der Land- und insbesondere der Forstwirtschaft gehört es selbstverständlich dazu, Arbeiten zu verrichten, deren Ertrag erst kommenden Generationen zugutekommt. Bäuerliches Generationendenken ist langfristig und zukunftsweisend!

Auch die heute viel gepriesene Netzwerkorientierung ist nichts Neues für Landwirte. Gemeinsam stark – das ist für landwirtschaftliche Familien überlieferte Notwendigkeit, und davon zeugt auch heute noch ihr breites ehrenamtliches Engagement in Kirchengemeinden, Vereinen, sozialen Einrichtungen, Genossenschaften und anderen Selbsthilfe-Organisationen.

Auf und um die Höfe wurde über die Jahrhunderte ein reichhaltiger Erfahrungsschatz in der Gestaltung gemeinschaftlichen Zusammenlebens erworben und gepflegt. Dazu gehört es auch zu feiern, und das verstehen Landwirte sehr gut – oft ist schon das Vesper nach der gemeinsamen Arbeit wie ein kleines Fest.

Tatkraft – Zusammenarbeit – Verantwortungsübernahme

„*Arbeit gibt es immer.*“ Arbeit ist das bestimmende Thema überall in der Landwirtschaft, dabei werden Kinder in der Regel schon früh mit altersgemäßen Aufgaben betraut und mit in die Verantwortung genommen. Genau das ist nach der amerikanischen Resilienzstudie der vierte Schutzfaktor für die Ausbildung von seelischer Widerstandskraft. Kinder auf den Höfen erfahren früh, dass ihr Beitrag einen Unterschied macht, sie erleben sich dadurch als selbstwirksam und zunehmend kompetent.

Arbeit wird in der Landwirtschaft nicht nach der Anzahl der gearbeiteten Stunden, sondern am Resultat bemessen. Bevor der Regen einsetzt, muss die Ernte eingebracht sein, sonst war alle Mühe vergeblich. Bei Bäuerinnen ist eine überdurchschnittlich starke Durchhalteorientierung belegt (Wonneberger 1995). Tatkraft und Bodenständigkeit, überall dort anzupacken, wo es notwendig ist, nicht lange herumzureden, sondern gemeinsam loszulegen und dabei Hand in Hand zu arbeiten, das ist in der bäuerlichen Mentalität fest verankert. Menschen, die in der Landwirtschaft aufgewachsen sind, werden überall gern als Arbeitskräfte eingestellt. „*Ich mache dir das*“, die Hilfsbereitschaft ist groß. „*Der Mensch ist zur Arbeit geschaffen wie der Vogel zum Flug*“, steht in den alten Hausbüchern in Anlehnung an das Alte Testament (Hiob 5,7). Diese Einstellung sicherte den Fortbestand der Gemeinschaften über Jahrtausende und trägt sie auch heute.

Achtung vor der Schöpfung

Landwirte arbeiten in und mit der Natur und das schon seit der Mensch sesshaft geworden ist. Landwirte besitzen ein enormes Erfahrungswissen über ökologische Zusammenhänge und übernehmen Verantwortung für das Leben. Wer gräbt, pflügt und pflanzt, will die Natur nicht plündern, sondern pflegen. Bäuerliches Wirtschaften ist nachhaltig und bedeutet sich kümmern, Sorge zu tragen für das Land, Fürsorge für Mensch und Tier, immer mit dem Anspruch, auch den nachfolgenden Generationen eine gute Lebensgrundlage weitergeben zu können.

Landwirte wissen, dass man Wachstumsprozesse nicht erzwingen kann, die Natur gibt den Rhythmus vor.

Die Kooperation mit der Natur setzt die Fähigkeit voraus, die eigene Begrenztheit und ein größeres Ganzes anerkennen zu können. Viele Familien in der Landwirtschaft erleben sich tief verwurzelt im Schöpfungsauftrag. Religiosität beziehungsweise Spiritualität sind wichtige

Schutzfaktoren für die Bewältigung belastender Lebenssituationen, Glaube verhilft uns zu mehr Gelassenheit im Leben. Glaubende Menschen vertrauen darauf, dass es mehr gibt als das, was sie sehen, angreifen und messen können. Spiritualität gibt uns Menschen eine Vorstellung vom Sinn und Ziel im Leben, gibt Kraft und Orientierung, spendet Trost und Zuversicht in schwierigen Zeiten.

Eigenverantwortung – die Lust auf Landleben

Möglichst wenig von der Außenwelt abhängig zu sein, ist traditionell erklärtes Ziel auf den Höfen, denn nur so konnte auch in Not- und Krisenzeiten das Überleben der Gemeinschaft gesichert werden. Eigenverantwortung, die eigene Antwort auf herausfordernde Umstände zu finden, war und ist in der Landwirtschaft ein hoher Wert. „Eigener Herr zu sein", geben viele Landwirte auch heute noch an, wenn sie danach gefragt werden, was ihnen an ihrem Beruf besonders gefällt.

In unserer zunehmend spezialisierten Welt fasziniert der Autarkiegedanke auch Menschen außerhalb der Landwirtschaft immer mehr. Selbstversorgung liegt im gesellschaftlichen Trend – *„do it yourself, mach es selbst*!" Ständig kommen neue Kurse und Bücher auf den Markt, auch zu Themen wie Selbstversorgergarten, Selbstversorgerbalkon, *„grow your own* ...". Die erfolgreichste neue Zeitschrift heißt „Landlust", sie ist eine Tochter von „Top Agrar" und hat inzwischen eine höhere Auflage als der „Spiegel". Eine Landwirtstochter hat sie erfunden und dabei offensichtlich den Nerv der Zeit getroffen. Unsere Höfe haben viel zu bieten, und Bauerngärtnerinnen in Süddeutschland nutzen zum Beispiel ihr umfangreiches Wissen über die Selbstversorgung, um neue Einkommensquellen auf die Höfe zu bringen.

Urform des Familienunternehmens

Landwirtschaftliche Familienbetriebe sind die Urform des Wirtschaftens. Heute werden immer noch rund 90 % der in Deutschland ansässigen Firmen als Familienunternehmen geführt, selten wird dabei rein gewinnorientiert gewirtschaftet. Familienunternehmen haben eine enge Bindung an die Region und eine besondere Bereitschaft, Verantwortung für soziale und gesellschaftliche Belange zu übernehmen, für die landwirtschaftlichen Familien gilt dies in besonderem Maß. Sie sind gekennzeichnet durch kurze Kommunikations- und Entscheidungswege, sie weisen eine erhöhte Wettbewerbsfähigkeit und Langlebigkeit auf, Familienbetriebe sind ein Erfolgsmodell!

Studien zufolge gelingt die Weitergabe in die zweite Generation bei etwa 50 % aller Familienunternehmen, 12 % schaffen es in die dritte Generation und etwa 1 % noch in die fünfte. Für den landwirtschaftlichen

Bereich gibt es keine Zahlen. In der wievielten Generation bewirtschaften Sie Ihren Hof? Manche Bauern aus dem Schwarzwald können von sich sagen: „*Ich bin einer von vielen in der Reihe. Ich bin der zehnte.*" Für die meisten bäuerlichen Familien ist die Landwirtschaft zwar auch ein Beruf, vielmehr aber noch eine Lebenseinstellung, und darauf können wir stolz sein!

Die eigenen Stärken entdecken

Woraus schöpfen Sie Ihre Kraft? Was können Sie denn gut? Für viele ist das eine schwierige Frage, denn es antwortet sich innerlich wie von selbst: „*Wenig*." Wie kommt das? Stellen Sie sich eine Menschenmenge vor, ungefähr fünfzig Leute, alle lachen, zeigen freundliche Gesichter. Nur einer, ganz hinten in der Ecke, schaut zornig. Sie werden genau dieses Gesicht sehen, und das hat einen Grund: Menschen verfügen über ein sogenanntes katastrophierendes Gehirn, es registriert mehr negative Dinge als positive. In der Urzeit war dieser Mechanismus überlebensnotwendig, um Gefahren wie z. B. wilde Tiere rechtzeitig zu entdecken. Heute gibt es nicht mehr so viele wilde Tiere, und doch haben wir immer noch diesen Filter eingebaut und sehen häufig zuerst nur das Negative. Die gute Nachricht ist: Unser Gehirn ist lernfähig und das ein Leben lang. Es verändert sich ständig, wann immer wir etwas dazulernen, bilden sich neue neuronale Verknüpfungen.

Wenn wir unseren Stärken und Kraftquellen beharrlich Aufmerksamkeit schenken, dann nehmen wir sie leichter und schneller wahr.

Jeder von uns trägt die guten Kräfte in sich. Beispiele finden Sie in Kapitel 8. Sie lesen dort von Klaus, der sich Hilfe sucht, Tanja, die die Dinge anspricht, Herbert, der andere Wege gehen kann, Marlies, die sich über Neues freut und Lydia, die weiß, wo ihr Platz ist.

Tiefe Wurzeln, Bindung an Hof und Heimat, Leben im Generationenverbund, Tatkraft und Verantwortung sowie eine hohe Achtung vor dem Lebendigen kennzeichnen die Menschen in der Landwirtschaft. Landwirtschaft ist eine ganz besondere Lebensform, die hohe Potenziale für eine lebensdienliche Zukunft bereitstellt!

SWOT Analyse

Die SWOT-Analyse
- Strenghts
- Weaknesses
- Opportunities
- Threats

Die SWOT-Analyse ist eines der beliebtesten Instrumente der Situationsanalyse sowohl in der Wirtschaft als auch für den persönlichen Bereich. Stellt man den Stärken und Schwächen die Chancen und Risiken gegenüber, entsteht eine Grundlage für die Entwicklung von Strategien.

Stärken (Strengths)	Schwächen (Weaknesses)
Was läuft gut? Worauf kann ich mich verlassen? Worauf bin ich stolz? Was gibt mir Energie?	Was ist schwierig? Welche Störungen gibt es? Was fehlt mir? Was fällt mir schwer?
→ *Welche Stärken sind vorhanden, um Risiken zu begegnen und Schaden abzuwenden?*	→ *Welche Schwächen müssen beseitigt werden oder in neue Chancen verwandelt werden?*

Chancen (Opportunities)	Risiken (Threats)
Was kann noch mehr ausgebaut werden? Was wird noch zu wenig genutzt? Was steckt noch mehr drin?	Wo lauern zukünftige Gefahren? Welche Fehlentwicklungen sind zu befürchten?
→ *Welche Chancen sind vorhanden und können genutzt werden?*	→ *Welche Strategien und Maßnahmen müssen definiert werden, um Bedrohungen abzuwenden?*

4 Ökonomischer Erfolg und Lebensqualität

Volatilität als bäuerliches Lebensgefühl

Das Wort Volatilität ist in der Landwirtschaft oft zu hören, wenn es um die Zukunft geht. Volatilität bezeichnet die nicht vorhersehbaren Preisschwankungen auf den globalen Agrarmärkten. Folgen dieser Schwankungen können entsprechend schwankende Einkommen und erhöhte Risiken bei Investitionen sein.

Volatilität ist teilweise zum Lebensgefühl der Landwirte geworden: Die selbstverständliche Unterstützung einer bäuerlichen Familienlandwirtschaft durch die Politik und die großen politischen Parteien ist nicht mehr sicher und das Ansehen im Dorf schwankt von Zustimmung über Gleichgültigkeit bis hin zu Ablehnung. Auch die Beziehungen in der bäuerlichen Familie sind manchmal volatil: So manche Ehe scheitert und Söhne, die die Hofnachfolge antreten, sind nicht mehr selbstverständlich. Ich warne davor zu glauben, dass Zeiten kommen werden, die weniger volatil sind, deshalb sollten Menschen Stabilität und Haltepunkte ihres Lebens stets im Auge haben und gelegentlich überprüfen und anpassen. Haltepunkte finden sie einerseits in individuell verantwortbaren und überschaubaren ökonomischen Entscheidungen und andererseits in gelingenden und stabilen familiären Beziehungen. Unternehmer sein ist daher gut zu vergleichen mit Fußballspielern: Sie brauchen ein Standbein und ein Spielbein, nur so kann man in einer dynamischen Wirklichkeit gut mitspielen.

Gebt mir einen festen Punkt und ich hebe die Welt aus den Angeln!
Frei nach Archimedes 285–212 v. Chr.

Ich möchte Ihnen in diesem Kapitel einige Impulse geben. Manches wissen Sie vielleicht schon, andere Themen sind neu. Fischen Sie sich die Inhalte heraus, die für Sie im Moment Priorität haben und setzen Sie sie bewusst um, denn die Zukunft gehört denen, die bereit sind, in der Gegenwart zu handeln.

Die Biografie (landwirtschaftlicher) Unternehmer

Die idealtypische Biografie von Unternehmer lässt sich in drei klare Phasen mit ungefähren Altersangaben einteilen, in jeder Phase gibt es ganz spezifische Aufgaben. Sie können je nach persönlicher Lebenssituation variieren, aber die Grundsätze bleiben.

Die „Lehr- und Wanderjahre“

Hier haben junge Unternehmer zwei Aufgaben: (20 bis 30 Jahre alt)

Ganzheitliche Bildung
Diese enthält beispielsweise auch Persönlichkeitsbildung. Hier wird aufgrund der betrieblichen Situation oft zu viel Druck vonseiten der Eltern ausgeübt. Ausbildung wird nach dem Motto „Hoffentlich möglichst bald *aus* mit der *Bildung*“ verstanden, weil der Hofnachfolger zu Haus unbedingt gebraucht wird, die Arbeitsbelastung hoch ist oder die Eltern gesundheitlich angeschlagen sind. Sie ist aber immer noch der wichtigste Produktionsfaktor in der Landwirtschaft und meint mehr als nur das, was gerade zu Hause gebraucht wird. Bildung soll die Chance vermitteln, auch in ganz verschiedenen Bedingungen und Konstellationen zurechtzukommen, was den Betrieb oder auch das Umfeld angeht. Es ist eben kein maßgeschneidertes Fitmachen für den eigenen Hof, sondern ein „Rucksack“ mit vielen Optionen der Zukunft.

Fremderfahrungen im wohlverstandenen Sinn: Junge Menschen müssen rausgehen und weggehen von zu Hause, insbesondere aus dem „Hotel Mama“, dann können sie in verschiedenen Betrieben und anderen Ländern ihre Erfahrungen sammeln und Kompetenzen erweitern. Sie sollen ihre Stärken und Schwächen kennenlernen und ein solides Bewusstsein für sich selbst entwickeln. Es ist beispielsweise eine notwendige und oft schmerzhafte, auf jeden Fall bereichernde Erfahrung, wenn einer nicht mehr wie zu Hause der Große und der Held ist, sondern sich in einem anderen Betrieb einordnet.

Auch das Durchhalten ist wichtig, denn oft ist es leichter, zurück nach Hause zu gehen und das umzusetzen, was die Eltern im Betrieb entschieden haben.

Aber wer nur ausführt, schult seine Fähigkeit im Unternehmertum nicht sehr.

Deshalb stehen hier auch die Eltern stark in der Verantwortung. Sie müssen ihre Kinder zu Bildung und Fremderfahrung ermutigen und müssen finanzielle Voraussetzungen schaffen, unter denen das möglich ist. Legen Sie also rechtzeitig die Bildung von Rücklagen fest und nehmen Sie Möglichkeiten für Auslagerungsstrategien wahr. Wer damit zu spät dran ist, bekommt es oft nicht mehr „gut organisiert“. Die Nachfolger müssen dann eine Turbo-Ausbildung machen.

Bedenken Sie auch, dass sich manche Dinge nicht nachholen lassen. Mit 40 lassen Sie (oder Ihre Kinder) Kinder, Hof und pflegebedürftige Eltern nicht mal eben sitzen, um ein halbes Jahr durch Neuseeland zu reisen.

Die Turbolader-Phase

(30 bis 50 Jahre alt)

Im Alter von ungefähr 30 Jahren werden dann zwei Lebensentscheidungen bei den „Jungen" getroffen:

1. Möchte ich den elterlichen Betrieb übernehmen?
2. Wer geht mit mir durch das Leben?

Dabei ist es ganz wichtig, dass junge Menschen von ihrer Fremderfahrung oder auch Fortbildungseinrichtung nach Hause kommen und ihren Eltern deutlich sagen *„Ja, ich will"* und nicht zu dieser Entscheidung gedrängt werden nach dem Motto: *„Alle Geschwister sind schon weg, wir haben jede Menge Arbeit und Schulden, einer muss es ja machen."* Viele Hofnachfolger fühlen sich gedrängt, etwas zu tun, was sie gar nicht wollen oder auch können, nur damit es zu Hause weitergeht. Jeglicher Druck bei dieser Lebensentscheidung wird sich aber später rächen. Kompetente Überzeugungstäter haben die besseren Chancen, erfolgreiche Unternehmer zu sein. Eltern müssen daher das Thema der Hofnachfolge früh in aller Offenheit ansprechen, und wenn sie ihre Kinder als Hofnachfolger sehen möchten, müssen sie ihnen das Landwirt-sein als attraktiven Beruf und Lebensentwurf vorleben; ein *„(Vor-)Bild sagt mehr als tausend Worte"*.

Wer sich für einen Lebenspartenr entscheidet, trifft nicht die Entscheidung über die Mitarbeit in einem Betrieb, sondern fragt sich, wer ihn hält und trägt, auch in Krisenzeiten. Wenn es um eine Antwort auf diese Frage geht, sollten sich die meisten Eltern in Entspanntheit und Vertrauen üben, dann können die jungen Erwachsenen neue Wege gehen und auch für die Organisation des Betriebes ihren eigenen Weg finden.

Hat ein junger Unternehmer diese zwei Lebensaufgaben entschieden, kann er in der sogenannten Turbolader-Phase dann zeigen, was er will und kann betrieblich „Vollgas" geben. Es ist die Lebensphase der höchsten physischen und psychischen Leistungsfähigkeit, und die gilt es zu nutzen. Am besten funktioniert das mit einem sicheren Beziehungsnetzwerk in der Partnerschaft und (Groß-)Familie, gerade im Alter von 30–40 Jahren werden die Weichen für die spätere betriebliche Zukunft gestellt, oft werden in dieser Zeit auch die großen Schulden gemacht. Der Gedanke dahinter ist der Wunsch, die Investitionen abzuschreiben und zurückzubezahlen, bevor ein Nachfolger den Betrieb übernimmt. Die Freiheit der Jungen bei der Hofnachfolge sollte auch eine finanzielle Freiheit sein. Auch das kann man nicht deutlich und rechtzeitig genug bei seinen Entscheidungen bedenken. Zu oft werden Hofnachfolger für die Entscheidungen der Vorgänger in Haftung genommen, was das Selbstwertgefühl der Jungen beeinträchtigt und völlig unreflektiert ist. Sie müssen an ihren Entscheidungen wachsen und auch aus ihren Fehlern lernen können.

Das Loslassen

(ab 50 Jahren)

Hier geht es darum, dass Landwirte Modelle der gleitenden Hofübergabe leben und praktizieren. Die Jungen finden ihren Platz im Unternehmen und die „Alten" können langsam loslassen, nachlassen und weichen. Diese Modelle gleitender Übergabe sind psychisch und ökonomisch im Familienbetrieb für alle Beteiligten am sinnvollsten. Oft zeigt sich aber, dass gerade Männer Probleme haben loszulassen, in ihrem Leben hatten früher die Kinder, die Ehefrau und der Betrieb ihren festen Platz. Wenn die Kinder aus dem Haus sind und die Beziehung in die Jahre gekommen ist, hängen große Teile des Herzens nur noch am Betrieb, und dann soll man den auch noch loslassen und abgeben und in die Bedeutungslosigkeit versinken? In dieser Phase kann daher den Frauen eine ganz besondere Aufgabe zukommen: Sie können ihre Männer „auf junge frische grüne Weiden führen", ihnen zeigen und sie dazu motivieren, dass das Leben so viel mehr ist als nur arbeiten und sich im Betrieb zu engagieren. Viele Frauen wechseln während der „Wechseljahre" ganz selbstverständlich den Blick auf die Wichtigkeiten des Lebens und orientieren sich neu. Auch Männer sollten sich ihren „Wechseljahren" und den Aufforderungen des Lebens nach Neuorientierung nicht verschließen. Es ist letztlich eine große Chance für die Alten und für die Jungen, wenn die Machtkämpfe aufhören können.

Diese Neuorientierung kann nur gelingen, wenn man entsprechende arbeitswirtschaftliche Lösungen findet. Fremdarbeitskräfte, Kooperationslösungen oder Auslagerungen können Teile der Gewinnsicherung sein, dann können junge Leute in ihre Lehr- und Wanderjahre auch beruhigt gehen. Die Erfahrung zeigt: Wer selber gewählt hat, ist zufriedener und leistungsfähiger.

Puffer einbauen – Risikomanagement als Zukunftsaufgabe

Viele Unternehmen in der Landwirtschaft entwickeln sich rasant in ungewohnte Größenordnungen und das in Zeiten, in denen Risiken des Marktes, der Politik, aber auch des Wetters genauso wie persönliche Risiken wie zum Beispiel Trennungen deutlich zunehmen. Oft wird vergessen, dass man Puffer in seinem Leben einbauen muss, um nicht bei kleinsten Störungen oder Veränderungen zu scheitern oder aus dem Gleichgewicht zu kommen. Wer Puffer hat, bleibt bei Problemen oder nicht geahnten Konfliktlagen handlungsfähig.

Einen wirksamen Puffer können Sie aufbauen, wenn Sie mit gleichgesinnten eine Kooperationslösung finden, das geht innerhalb der Landwirtschaft und entlang der gesamten Wertschöpfungskette. Kooperationslösungen können in einer volatilen und dynamischen Wirklichkeit Stabilität wahren.

Wer sein Leben und den Betrieb „auf Kante näht", keine Zeit- und Kraftreserven und keine ausreichende Liquidität hat oder seinem Betrieb ökologisch die Puffer versagen, wird es schwer haben.

Ein ausreichendes Risikomanagement ist ein Gebot der Stunde. Risikomanagement kann bedeuten, seine Ernten entsprechend zu versichern oder sich vertraglich mit seinem Abnehmer mit einem Liefervertrag für bestimmt Zeiträume zu binden. Außerdem gibt es gut eingeführte Risikoabsicherungsmodelle, unter anderem im Bereich der Getreidevermarktung, die auch für die Milchproduktion Bedeutung bekommen könnten. Hier ist durchaus noch Entwicklungsbedarf. Erwartungen sind auch an die Politik zu richten: Prämien für Versicherungslösungen und steuerliche Erleichterungen für die Bildung von Rücklagen könnten das Risikomanagement deutlich erleichtern.

Arbeitswirtschaft und Kostenmanagement im Blick haben

Viele Leiter schnell wachsender Betriebe bedenken nicht sofort die arbeitswirtschaftlichen Folgen ihrer Investitionen. Sie geraten damit zwangsläufig in Arbeitsfallen, weil sie zum Beispiel den Familienzyklus nicht bedenken, in dem es Phasen mit relativ vielen und Phasen mit relativ wenigen Familienarbeitskräften gibt, weil kleine Kinder oder Altenteiler zu versorgen sind. Der schwankende Familienzyklus wird oft wenig beachtet, wenn Landwirte über die Entwicklung des Betriebes nachdenken. „Laufen" muss der Laden, so mancher Landwirt überschätzt sich und wird dann vom Burnout erwischt.

Die Ursache des Burnouts ist ein giftiger Cocktail aus wachsenden Risiken, einer zunehmenden Arbeitsbelastung und einer fehlenden unterstützenden Beziehungswirklichkeit. Daher gilt es die Botschaft der Kostendegressionskurve zu bedenken. Es geht auch mit der Lösung „klein und besonders", und Landwirte müssen vor allem zuerst Kostenmanager sein und nicht Erlösmaximierer. Hier sollten Landwirte den Hebel im Bereich der Umsatzrendite bedenken. Bei 20 % Umsatzrendite braucht man 5 € mehr Erlös, um 1 € mehr Gewinn zu haben. Hier könnte ich auch den Hebel des Kostenmanagements ansetzen: 1 € weniger Kosten ist auch 1 € Gewinn mehr. Allerdings übt Kostenmanagement weniger Druck und Stress auf den Betriebsleiter und seine Familie, z. B. auch auf dem Pachtmarkt aus.

Arbeitswirtschaft

Die Arbeitswirtschaft ist ein ganz entscheidendes Thema im Familienbetrieb, weil

- sie die Schnittstelle von Ökonomie und Lebensqualität ist, also mehr arbeiten kann bedeuten: mehr Gewinn, aber eben auch weniger Freizeit.
- die Entlohnung der Familienarbeitskräfte im Familienbetrieb eine ganz entscheidende Zielsetzung ist und im Regelfall höhere Priorität als die Entlohnung des Kapitals hat.

Familienbetriebe sollten daher regelmäßig ihre Arbeitswirtschaft überprüfen. Der jährliche Jahresabschluss oder die Bilanzerstellung sind dafür ein geeigneter Anlass. Wichtig dabei: eine saubere und ehrliche Zuordnung der Arbeitszeit und aller Kosten und Erlöse zu abgrenzbaren Verfahren oder Betriebszweigen.

Dann berechnen Sie Ihre Arbeitskraftverwertung und bedenken mögliche Konsequenzen:

- Betriebszweig oder Verfahren muss verbessert werden (Optimierung),
- bestimmt Prozesse werden anders organisiert wie z. B. Maschinenarbeiten auslagern (Kostenmanagement),
- ein Verfahren wird eingestellt, dafür ein anderes ausgedehnt oder neu begonnen (Neuorganisation des Betriebs),
- oder weiter so!?
- oder andere Ziele; oder mehr arbeiten ...

Es ist Ihr Leben und es sind Ihre Ziele. Schauen Sie, dass Sie den Überblick haben.

Tipps zur Arbeitsentlastung

- Vereinfachen Sie Ihre Abläufe nach dem **KISS**-Prinzip: **k**eep **i**t **s**mall und **s**imple also „Mach's so einfach wie möglich!"
- Spezialisieren Sie sich und nutzen Sie dabei Degressionseffekte der Kosten und auch der Arbeitserledigung und managen dabei auch die neuen Risiken.
- Ersetzen Sie Arbeit durch Technik.
- Lagern Sie Arbeiten aus und bedenken den Preis dafür.
- Kooperieren Sie und werden gemeinsam besser!
- Weniger ehrgeizige Ziele, privat wie betrieblich, entlasten ganz enorm.
- Nutzen Sie das Zeitmanagement als Werkzeug, bedenken Sie aber dabei, dass manches im Leben keine Effizienz verträgt. „Müßiggang ist aller Liebe Anfang!"
- Optimieren und überprüfen Sie vor allem Standards und Routinearbeiten Betriebsblindheit ist ein großer Zeitfresser!
- Seien Sie offen für Veränderungen.
- Nutzen Sie Arbeitskreise, Beratung und Möglichkeiten zur Weiterbildung.

Ausgeglichen sein

Wir wissen heute, dass Lebensfreude, Leistungsfähigkeit und auch Zufriedenheit am besten gedeihen, wenn man ausgeglichen ist. Menschen sind dann in der Balance ihres Lebens, wenn sie in vier Lebensbereichen gleichgewichtig und gleichwertig zu Hause sind.

Körper und Gesundheit

Die Weisheit der Römer gilt immer noch: mens sana in corpore sano – ein gesunder Geist wohnt in einem gesunden Körper. Oder poetischer: *„Pflege deinen Körper, damit deine Seele Lust hat, darin zu wohnen."* (Theresa von Avila, 1515–1582). Wir sollten daher alle etwas tun für unsere Körperlichkeit und unser Wohlbefinden, das heißt vor allen Dingen, sich regelmäßig zu bewegen. Das mag heißen schwimmen, Fahrrad fahren oder joggen. Egal was Sie gerne tun, bewegen Sie sich! Es ist auch ein Beitrag für Ihr seelisches Wohlbefinden. Wer sich bewegt, lebt ganz im Hier und Jetzt und kommt daher leichter aus der Grübelfalle heraus, schläft besser und ist einfach auch geistiger fit. Außerdem lebt es sich mit weniger Kilos entschieden leichter.

Andere Seiten entdecken

Erfolg meint nicht nur materiellen Erfolg, sondern, dass Sie die Dinge im Leben tun, die Ihnen wichtig sind und Ihnen Spaß machen. Sorgen Sie daher für die notwendigen Freizeiten und Freiräume, für Ihren eigenen Lebenserfolg jenseits des Betriebes. Jeder Landwirt braucht ein Hobby!

Familienpflege

Familienbeziehungen sind der Humus, auf dem gerade Familienbetriebe ökonomisch wachsen, blühen und gedeihen. Männer delegieren viel zu oft diese wichtigen Aufgaben an ihre Partnerinnen: Erziehung, Beziehung und Pflegeaufgaben sind Aufgaben, die Männer und Frauen gemeinsam erledigen können. Auch Männer sollten ihren Beitrag zur Humusbildung leisten, oder brauchen sie große moderne Schlepper, um auch bei Familienkonflikten möglichst sicher, schnell und bequem vom Hof fahren zu können? Dies ist keine Lösung, denn was lange gärt, wird endlich Wut. Gerade wir Männer müssen uns in Richtung Beziehungspflege deutlich verändern und mehr in diesen Bereich investieren. Lernen können wir das allemal, auch wenn es ungewohnt für uns ist.

Die Sinnfrage

Die Sinnfrage ist die Frage „*Woher komme ich und wohin gehe ich?*“ Es ist nicht die Frage „*Warum passiert das gerade mir?*“ Gerade für Unternehmer ist es wichtig, dass sie eine Antwort auf die Sinnfrage haben, zum Beispiel dann, wenn sie scheitern. Krisenzeiten als Wendepunkte des Lebens erfordern ein Selbstvertrauen und Vertrauen in Bezugspersonen, deshalb ist gerade in volatilen Zeiten die Sinnfrage nicht nur eine Frage für sonntagvormittags, sondern für das ganze Leben und auch für den betrieblichen Alltag.

System Familie und Betrieb

Der Familienbetrieb ist nicht nur ein System, sondern beinhaltet zwei Systeme mit grundlegend verschiedenen Anforderungen und Qualitäten. Ich möchte dies an drei Themen deutlich machen:

- **Eine Familie braucht „soft facts“** in Form von Wärme, Nähe, Zuneigung und Vertrauen.
  Ein Unternehmen braucht „hard facts“ oder ZDF: belastbare Zahlen, Daten, Fakten.
- **Eine Familie braucht Präsenz**, die Anwesenheit von Vater und Mutter auch gerade dann, wenn die Kinder klein sind und auch dass die Partner ganz füreinander da sind, nicht mit den Gedanken schon wieder draußen auf dem Feld oder bei den Preisverhandlungen für den Weizen zu sein. Wer aber ganz präsent ist für den anderen, wird dadurch zum Präsent (Geschenk).
  Ein Unternehmen braucht Effizienz. Da geht es um die ganz andere Fragestellung „*Was kommt dabei raus, wenn ich arbeite und investiere?*“ Diese Effizienzhaltung ist ein Beziehungskiller in jeglicher Form: Lesen Sie einmal kranken Kindern Bilderbücher vor oder gehen händchenhaltend spazieren.
- **In der Familienbeziehung geht es um Stabilität**. Im Grunde geht es um die Ansage und Aussage „*für immer*“ oder „*in guten wie in schlechten Tagen*“.
  Im Betrieb geht es um das Prinzip der relativen Vorzüglichkeit: Es wird so gehandelt wie es im Moment rentabel ist, und das ändert sich ständig.

Mit den Lebenseinstellungen und Qualitäten, die für die Familie wichtig und richtig sind, bekommt man jedes Unternehmen insolvent und man führt ebenso Familien und Beziehungen in chaotische Zustände und Krisen, wenn man nur unternehmerisch denkt.

Erfolgreiche Familienunternehmer müssen Profis in beiden Systemen sein: liebende Ehemänner, aber auch knallhart kalkulierende Unternehmer, daher brauchen familiengeführte Unternehmen Bremswege. Diese sollten den Weg zwischen Stall und Wohnzimmer deutlich gestalten und von der Lebenshaltung her getrennt und unterbrochen sein. Es ist wichtig, seinen Tagesablauf, wo immer das geht, klar zu strukturieren und zu ordnen.

Die Empfehlung ist eine Blockbildung der anfallenden Aufgaben. Gerade für Frauen, die oft zwischen beiden Bereichen hin- und herspringen müssen, ist es schwierig, genau zu trennen. Der dauernde Wechsel zwischen den beiden Systemen kostet viel Energie und Kraft.

Das Wichtigste: Nach meiner Erfahrung und Einschätzung bleiben drei entscheidende Aufgaben für familiengeführte Unternehmen, damit sie ökonomisch erfolgreich sind und „gut" leben können:

1. Klare eigene Ziele, deren umfassende Folgen mitbedacht werden
2. Ein Leben in Balance mit Akzentverschiebungen entlang der eigenen Biografie
3. Respekt als Humus bildende Maßnahme, auf dessen Grundlage Unternehmen und Menschen wachsen, blühen und Früchte bringen.

Aus Erfahrungen lernen

Oft wurde in den letzten Jahrzehnten schon von Krisen oder dem Untergang der familienbäuerlichen Landwirtschaft gesprochen. Anfang des Jahres 2000 haben wir aber auch schon von der goldenen Zukunft der Agrarbranche, angesichts von globalen Weltmarktentwicklungen inklusive riesigem Importbedarf, einer wachsenden Weltbevölkerung und wachsenden Volkswirtschaften, gesprochen. Wir hatten also schon beides: Pessimismus und Optimismus pur. Es ist ratsam, realistisch zu bleiben und die Bodenhaftung nicht zu verlieren.

Landwirte müssen Realisten bleiben, sonst besteht die große Gefahr, dass Stimmungen die Urteilskraft und Handlungskompetenz beinträchtigen.

Das Wort „Krise" kommt vom griechischen Wort „crisis" und bedeutet „Wendepunkt". Wir müssen daher zunächst einmal dem Wort Krise den Geschmack der Katastrophe nehmen. Wendepunkt kann heißen, „es wird besser" oder „es wird schlechter" oder, um es im Bild der Medizin zu sagen, *„steigt das Fieber oder sinkt es?"* In solchen Wendezeiten brauchen Menschen einen unverstellten Blick zurück und einen hoffnungsvollen, nicht durch Euphorie getrübten Blick nach vorne.

Ein Lernbeispiel: 2015 sanken die Milchpreise auf ein äußerst niedriges Niveau. Grund dafür war nicht allein der Wegfall der Milchquotenregelung, schon vor dem Quotenende gab es beträchtliche Wachstumsschritte in manchen Betrieben. Es gab ein Importverbot nach Russland sowie eine schlechte Konjunktur in China. Diese Effekte der Volatilität haben viele vorhergesehen, nur so richtig daran glauben und sich darauf einstellen wollte niemand. Dabei hätte man wissen müssen, dass Landwirte schnell und effizient auf Marktveränderungen reagieren. So konnte 1984 mit der Einführung der Milchquotenregelung vorhergesagt werden, dass die kapitalschwachen aber arbeitsstarken Betriebe in Richtung Zuchtsauenhaltung abwandern, die kapitalstarken aber arbeitsschwachen Betriebe Richtung Mastschweinehaltung und frei werdende Plätze wohl mit Mastbullen belegt werden. Genauso ist es passiert mit dem entsprechenden Rückgang der Ferkel- und der Schweinefleischpreise.

Dieses Verhalten als Mengenanpasser führt zu dem Ergebnis, das wir aus der sogenannten Tretmühlentheorie kennen: Die konsequente Reaktion der „fleißigen" Landwirte, die ihre Einkommen erhalten wollen, verstärkt die negativen Wirkungen durch Transfereffekte auf andere Märkte, damit sind als Folge viele Märkte von Preistiefs bedroht. Ein Effekt, der sich durch Börsen, Politikeinflüsse, aber auch durch die globalisierten Märkte noch deutlich erhöhen wird. Wir dürfen daher aus diesen Krisen lernen, dass wir ehrlicher und realistischer mit uns selbst und mit den Entwicklungen im Bereich Politik und Markt umgehen sollten.

Realistisch und ehrlich sollte man auch die eigenen Stärken und Schwächen und die eigene ökonomische Effizienz einschätzen. Dazu gehört beispielsweise, die eigenen Buchführungsergebnisse gut zu verstehen und daraus die richtigen Konsequenzen ziehen. Die Vollkostenrechnung und die Betriebszweiganalyse müssen heute Standard in der Ausbildung und als betriebliche Entscheidungsgrundlage sein, denn mit der Deckungsbeitragsrechnung ist es wie mit den anderen halben Sachen im Leben: Die ganzen Sachen sind einfach, nur die halben Sachen wie die Teilkostenrechnung sind kompliziert.

Landwirtschaftliche Unternehmer brauchen daher gute Freunde / Kollegen / Coaches, die mit ihnen gemeinsam realistisch ihre eigene Person, ihren eigenen Betrieb, aber auch die Märkte und die Politik betrachten. Solche Personen sind wichtiger, als die, die immer applaudieren oder immer alles negativ sehen. Landwirte müssen lernen, selber zu rechnen statt zu grübeln.

Natürlich treibt besseres Rechnen können die Preise nicht nach oben, aber es kann zu realistischen und zielführenden Reaktionen statt blindem Aktionismus führen entgegen dem Motto: „*Was der Kollege macht oder was das Fachmagazin schreibt, wird auch für mich schon passen!*"

Landwirte wollen arbeiten und produzieren. Der ökonomische Erfolg eines Unternehmens wird aber wesentlich durch eine gute Vermarktung bestimmt. Wenn der ganze Fleiß in der Produktion nicht vom Markt honoriert wird, ist das sehr entmutigend. Wir brauchen daher gesundes Marketing in der Landwirtschaft, und das muss dann Folgen für das konkrete Leitungsverhalten im Unternehmen haben. Was für das Verkaufen gilt, ist sinngemäß auch für das Einkaufen gültig, und für beide Bereiche gilt auch wiederum: Kooperative Lösungen helfen entlang der Wertschöpfungskette.

Politik ist, was Wirtschaft ihr lässt

Die für manche erschreckende Erkenntnis aus der Milchkrise ist die, dass Preise sich weitgehend alleine durch das „freie“ Spiel von Angebot und Nachfrage ergeben, wenn sich die Politik bewusst aus der Marktordnung zurückzieht. Politik beschränkt sich auf den Ordnungsrahmen und Krisenintervention. Eine Rückkehr zu den „alten“ Marktordnungen ist nach Einschätzung vieler Akteure im Bereich Agrarpolitik nahezu ausgeschlossen. Landwirte müssen zur Kenntnis nehmen, dass die Politik die Märkte nicht langfristig und grundlegend gestalten oder gar verändern kann. Das führt zu einem Phänomen, das man mit dem „Kampf der Bedürfnislosen gegen die Effizienten“ zwar etwas brutal und zugespitzt, aber durchaus zutreffend beschreiben kann. Der Milchpreisverfall 2015/16 führte zu einem Wettbewerb zwischen Betrieben, die auf sinkende Milchpreise mit Einschränkung ihrer Lebenshaltungskosten reagierten und anderen Betrieben, die zwar ökonomisch rentabel waren, aufgrund von hohen Kosten im Bereich Fremdkapital und Fremdarbeitskräften schneller an niedrigen Milchpreisen scheitern konnten. Die Insolvenzanträge größerer Milchviehbetriebe im Norden und Westen, einschließlich KTG-Agrar, mag ein Hinweis des Kampfes zwischen den großen effizienten Betrieben und den eher im Südwesten anzusiedelnden Betrieben sein, die auf Preiseinbrüche mit dem Einschränken ihrer Bedürfnisse und auch Investitionszurückhaltung reagierten. Selbstverständlich ist diese Anpassungsreaktion des Konsum- und Investitionsverzichts nachhaltig betrachtet wenig sinnvoll. Allerdings hilft diese Reaktion in Krisenzeiten zu einer gewissen ökonomischen Robustheit und Stabilität.

Hohe Preise, die Landwirte zu Recht gerne hätten, haben auch eine nicht unerhebliche Gefahr: Denn wer „verdient“ zu oft an hohen Agrarpreisen? Als die Milchpreise nach der Milchkrise 2009 wieder langsam gestiegen sind und teilweise über 40 Cent erreicht haben, hat sich vor allen Dingen die Landmaschinenindustrie gefreut. Anstatt die steigenden Gewinne für eine gute Lebensqualität, für eine sichere Altersvorsorge und Liquiditätsreserven zu verwenden, fuhren plötzlich wieder die eigenen Güllefässer hinter den eigenen Traktoren. Damit wurde so mancher Maschinenring oder Lohnunternehmer wirtschaftlich gefährdet, der sich auf eine steigende Auslastung eingerichtet hatte. Leider kommen auch dann immer wieder Impulse in Richtung Steuern sparen, für die man dann höhere Kosten der Arbeitserledigung in Kauf nimmt.

Sich selbst realistisch einschätzen

Die Kinder- und Jugendjahre dienen vor allem dem Aufbau eines starken Selbstwertgefühls. Dazu braucht es die Erfahrung der unbedingten Liebe der Eltern einerseits, die zunehmenden Leistungsanforderungen und die entsprechenden Rückmeldungen der Eltern, Lehrer oder Ausbilder andererseits. Nur so ist eine realistische Selbsteinschätzung möglich, die notwendig ist, um geerdet zu handeln.

Manchmal sind gerade junge Menschen unsicher, welches für sie der richtige Weg bei der Ausbildung oder den betrieblichen Schwerpunkten ist. Probieren geht über Studieren: Meist bringt jede gesammelte Erfahrung jemanden ein Stück weiter auf seinem Weg.

Wenn man sie zur Selbstreflexion ermutigt, spüren junge Leute schon relativ bald, wo ihre Stärken und ihre Schwächen liegen.

Das Pareto-Prinzip

Das Pareto-Prinzip ist benannt nach Vilfredo Pareto (1848-1923), der herausgefunden hat, dass 20 % der Bevölkerung über 80 % des Bodens besitzen. Das Prinzip wird auch Pareto-Effekt genannt oder 80:20-Regel und besagt, dass man mit 20 % des Gesamtaufwandes 80 % der Ergebnisse erzielt, die übrigen 20 % der Ergebnisse brauchen dann 80 % des Aufwandes. Also: Konzentriere dich auf deine Erfolgsverursacher!

Das Eisenhower-Prinzip

Das Eisenhower Prinzip, benannt nach dem amerikanischen Präsidenten und früheren US-General, ist ein praktisches Instrument, um über Prioritäten zu entscheiden und damit wie bei Pareto den Erfolg mit minimalem Aufwand zu erreichen oder mit gegebenen Aufwand den maximalen Erfolg. Das nennt man auch das ökonomische Prinzip. Das Eisenhower-Prinzip kennt zwei Entscheidungskriterien:

- **Wichtigkeit** der Aufgabe (Zielerreichung als Qualitätsmerkmal),
- **Dringlichkeit** der Aufgabe (Zeitpunkt als Qualitätsmerkmal).

Dadurch lassen sich vier Aufgabentypen abgrenzen und erfordern folgendes Handeln:

- Aufgaben, die **wichtig und dringend** sind: *Selber sofort tun!*
- Aufgaben, die **wichtig aber nicht dringend** sind: *Terminieren und dann selber tun!*
- Aufgaben, die **dringend, aber nicht wichtig** sind: *An Mitarbeiter delegieren!*
- Aufgaben, die **weder dringend noch wichtig** sind: Sein lassen!

Was dringend und wichtig ist oder was ihre Erfolgsverursacher sind, das muss man selber herausfinden, und dann helfen diese Methoden bei der Prioritätensetzung und bei Entscheidungen.

Manchmal sind zum Beispiel Väter und Söhne sehr verschieden. Anstatt sich zu streiten, können sie sich wunderbar ergänzen.

Da ist der starke Vater als intuitiv begabter Ackerbauer, der genau weiß, wann man raus auf den Acker muss, und der Sohn ist Analyst und Planer und Beobachter, ein guter Tierhalter. Welch wunderbares Gespann, wenn man respektvoll miteinander umgeht in der versöhnten Verschiedenheit statt im explosiven Gemisch!

Beziehungen im Familienbetrieb zu pflegen, heißt daher auch eine feedback-Kultur zu etablieren, denn wir wachsen an Lob und genauso oft an Schmerz. Wir sollten aber bei aller Sinnhaftigkeit uns selber treu bleiben und stärkeorientiert handeln und dabei die Chance und Notwendigkeit der Veränderung wahrnehmen. Leben ist immer beides: Wir sollten mehr Mut für das bunte Grau des Lebens haben. Sich treu bleiben und sich verändern, beides kann zielführend und hilfreich sein.

Wer sich verändern will, sollte drei Voraussetzungen erfüllen, damit es nachhaltig gelingt:

- **Ich** will mich verändern und nicht meine Frau oder mein Fachlehrer.
- **Ich** gestehe mir (und anderen) mein Problem wirklich ein.
- **Ich** habe einen konkreten Nutzen, wenn ich mich ändere.

In Notlagen und Krisenzeiten habe ich Landwirte gehört, die sich lieber auf einen Sündenbock stützen. Sie seien für ihre Misere nicht selbst verantwortlich, sondern beratungsgeschädigt. Manche greifen auch zu Verschwörungstheorien wie z. B., dass die Preise oder Produktionszahlen manipuliert würden nach dem Motto: *„So viel Milch gibt es gar nicht auf dem Markt. Das wird nur behauptet, damit der Preis niedrig bleibt!"*

Es ist verständlich, dass niemand gerne für Negatives verantwortlich ist, aber die Realität verändern solche Kopflösungen eben nicht. Hüten Sie sich vor haltlosen Vermutungen, denn damit entziehen Sie sich selbst die Verantwortung für Ihr Handeln.

Jour fixe für Familie und Betrieb

Gerade die Männer wissen, dass in Familienbetrieben oft nur das Notwendige und Dringende besprochen wird. Es gibt ja *„immer was zu schaffen"*, und das Reden kostet nur Zeit und Geld. Das ist eine ganz fatale Fehleinschätzung auf der familiären und der betrieblichen Ebene. Kommunikation, die von Offenheit und Wertschätzung geprägt ist, ist der Humus, auf dem Familienbetriebe wachsen, blühen und Ertrag bringen.

Im Betrieb ist es wichtig, regelmäßige Arbeitsbesprechungen zu machen, täglich oder wöchentlich. Das fördert die Zusammenarbeit ungemein und ist eine Investition, die sich in Form von weniger Missverständnissen oder Konflikten immer auszahlt.

Besprechungen erfolgreich gestalten

Wichtig bei Besprechungen sind ihre Regelmäßigkeit (Jour fixe = festgelegter Tag) und eine klare Struktur. Bedenken Sie: Was wir nicht regelmäßig tun, wird mäßig. Das gilt auch für diesen Bereich des Lebens!
Was heißt das konkret:

- Laden Sie mit einer klaren Tagesordnung ein, die folgende Struktur hat mit der Reihenfolge:
  Information: Was müssen alle wissen? Informiertheit ist ein entscheidender Motivationsfaktor für Mitarbeiter.
  Entscheidungen: Getroffene Entscheidungen bringen Energie in die Arbeit und schaffen Zukunftsfähigkeit.
  Beratungen: Ein wichtiger Punkt, der aber, wenn die Zeit nicht reicht, auch (teilweise) verschoben werden kann, ohne dass Probleme entstehen. Die offenen Punkte kommen in den Themenspeicher.

Wichtige Beratungen wie Investitionen, Strategien u. a. werden gesondert in einer **Klausur** beraten, wo dann auch das Bilanzergebnis in Ruhe „meditiert“ werden kann. Diese bedürfen einer guten Vorbereitung, damit sie nicht zu einem angenehmen, aber ergebnislosen Treffen „verkommen“.

- Einer schreibt ein reines Ergebnisprotokoll, dabei wird bei allen Entscheidungen immer überprüft, sind alle W-Fragen geklärt: *Wer macht was wie bis wann?*
- Wer die Tagesordnung macht und einlädt, leitet und moderiert die Sitzung, ein anderer protokolliert. Das Protokoll ist allen zur Verfügung zu stellen, spätestens einen Tag später!
- Medien erleichtern die Besprechungen wie Prospekte oder Kalkulationen.
- Vorbereiten ist der halbe Erfolg. Dazu können alle beitragen, aber der Einladende steuert die Vorbereitungsprozesse.
- Klären Sie die Spielregeln, insbesondere für die Entscheidungen.
- Seien Sie offen und wertschätzend in der Kommunikation und bedenken Sie, dass nicht alle Themen immer sofort in der „großen Runde“ angesprochen werden müssen (offen ist nicht gleich öffentlich, das gilt insbesondere für Personalprobleme).

Für die Mitarbeiterführung in landwirtschaftlichen Betrieben gilt folgende Zeile aus dem Stufengedicht von Hermann Hesse ganz besonders: *„Jedem Anfang wohnt ein Zauber inne.“* Chefs müssen ihre neuen Mitarbeiter am Anfang klar in die Ziele, Aufgaben, Rollen und Abläufe im Unternehmen einführen, damit geben sie ihnen die Möglichkeit zur Identifikation mit dem neuen Betrieb. Angestellte ticken logischerweise anders als der Unternehmer.

Manche Landwirte sind nur an den Umgang mit Familienarbeitskräften gewöhnt und müssen jetzt umdenken und teilweise den Mitarbeiter dort abholen, wo er mit seinen Gedanken steht.

Mitarbeiterführung bedeutet: Leistung vereinbaren und kontrollieren. Dazu braucht es wie bei allen Kontrollen klare, konkrete und messbare Kriterien, die allen bekannt sind und eben nicht: *„Mach mal!“*

Mitarbeiterführung

Mitarbeiterführung heißt mit Menschen Leistung(en) zu vereinbaren und diese als „Chef“ zu kontrollieren. Mitarbeiterführung ist in den Controlling-Prozess des gesamten Unternehmens eingebettet.

Tipps für „Chefs“:

- Es gibt verschiedene Führungsstile von autoritär über partnerschaftlich bis hin zum gleichgültigen „laissez faire“-Stil. Es gibt keinen Stil, der immer passt: Führungsverhalten ist immer situativ, je nach Person und Situation. Dabei gilt es, gleichzeitig und gleichwertig den Menschen und die erwartete Leistung im Blick zu haben. Denn: Sind Sie zu leistungsorientiert, leidet das Miteinander und langfristig auch die Leistungsbereitschaft. Sind Sie zu sehr um den Menschen bemüht und verlieren Sie die Leistungsziele aus dem Blick, haben Sie bald ein ökonomisches Problem.
- Informieren Sie Ihre Mitarbeiter ausreichend und regelmäßig. Es ist ein Motivationsfaktor, der leider gerne unterschätzt wird.
- Gehen Sie zeitnah auf Konflikte zu und versuchen Konsenslösungen zu erzielen, denn was lange gärt, wird endlich Wut!
- Übertragen Sie Aufgaben, schenken Sie Freiräume und Vertrauen, erlauben Sie Fehlerfreundlichkeit und ermutigen Sie zur Innovation. Dieses Lehrgeld zahlt sich gut zurück. Denken Sie daran, auch Sie haben aus ihren Fehlern gelernt!
- Loben Sie zeitnah und nutzen anlassbezogen Gelegenheiten zum Feiern. Haben Sie daher immer Sekt im Kühlschrank und bedenken Sie, dass bei der Weihnachtsfeier schon immer gelobt wurde. Wen interessiert das noch ernsthaft?!
- Haben Sie realistische Erwartungshaltungen, sprechen Defizite offen und konstruktiv an und sorgen für Lösungen wie Fortbildungen oder Coachings?
- Alle Menschen wollen und brauchen Ansehen – gehen Sie mit Ihren Mitarbeitern respektvoll um und wachsen Sie gemeinsam an Ihren Herausforderungen.

Fröhlich scheitern!

Eine provozierende Überschrift! Wer von uns möchte scheitern und dazu noch fröhlich?!

Wir leben in einer Leistungsgesellschaft, Erfolge werden sichtbar „zelebriert" in Form von demonstrativem Konsum ... mein Haus, mein Auto ... Sie kennen das! „Nur wer Leistung bringt, zählt und ist wichtig", das lernen unsere Kinder schon ganz früh und ganz schnell von den Eltern und von ihrem Umfeld. Es gibt kiloweise Buchtitel zum Erfolg, es gibt einige Bücher zum „Scheitern". Mit Siegern zeigt man sich gerne, mit dem „Loser" nicht so sehr.

Scheitern kommt von dem Wort „Scheit": Es geht etwas in Stücke, zerbricht, wird zerschlagen. Erfolg kann jeder managen, aber das Scheitern? Jedes Erfolgstraining braucht daher ein Modul „Scheitern", weil Scheitern eine wichtige Realität im Leben ist, die zu leugnen unklug wäre. Erfolg als Dauerrealität ist eine Illusion und wer von Illusionen lebt, wird zu Recht enttäuscht! Scheitern ist mit einer Krise vergleichbar: Es ist ein Wendepunkt, an dem wir nicht wissen, was danach kommt wird es besser oder schlechter? Wir müssen dem Scheitern den Geschmack der Katastrophe nehmen. Manchmal ist das scheinbare Scheitern die große Wende zum Guten oder Besseren. *„Wenn nicht geschieht, was wir wollen, wird geschehen, was besser ist."* Ein Satz, den man erst mal selber aushalten muss! Wenn etwas geschieht, das Sie nicht wollen, wie die nicht gelingende Hofübergabe, das nicht finanzierte Projekt oder eine Erkrankung, gibt es oft eine Wendung zum Guten hin, natürlich oft erst nach einer Phase des Schmerzes, des Haderns und der Trauer im Verabschiedungsprozess von einem Lebensziel. Der Trauerprozess ist wichtig, nur so lernt man etwas auch über sich selbst!

Und was heißt das für Landwirte?

Landwirte bewirtschaften ihre Betriebe oft seit vielen Generationen, verstehen ihren Beruf als Lebenskonzept statt als Job. Sie sind traditionsverbunden und haben oft immer noch hohes Ansehen. Viele sind ehrenamtlich und politisch aktiv und durchaus vermögend und stolz auf ihre Freiheit.

Da fällt Scheitern vielleicht sogar noch schwerer!

Hinter den nüchternen Zahlen der Statistik des Agrar-Strukturwandels verbergen sich oft schlimme Schicksale, gerade auch, weil man sich das Scheitern nicht oder viel zu spät eingestehen will. Wenn dann die Zwangsversteigerung ansteht, ist man am Boden zerstört und kommt oft nur schwer wieder auf die Beine.

Lehrplan des fröhlichen Scheiterns:

- Ganz wichtig: Scheitern gehört zum Leben. Es ist eine innere Option einer Handlung.
- Im Prozess des Scheiterns haben Menschen Angst. Angst macht aber handlungsunfähig, weil sie Menschen emotional in die Enge treibt – das Wort Angst hat in der Enge seinen Ursprung – und lähmt! Machen Sie aus ihrer Angst Furcht. Furcht kann man benennen, worüber ich reden kann. Damit kann ich lernen umzugehen. Angst braucht den inneren und äußeren Dialog. Nur so kommen Sie wieder aus dem Tunnelblick in die Weite der Optionen.
- Scheitern muss man klar eingestehen, nur wer Dinge klar benennt, kann sie neu klären. Positive Illusionen, Verharmlosungen oder ein „Herumeiern“ helfen nicht, im Gegenteil, sie verstärken den Schmerz später und steigern die Fallhöhe!
- Scheitern muss zur Option bei der Planung wie der Paragraph „Auflösung“ werden z. B. bei der Gründung einer Kooperation. Wir brauchen mindestens einen Plan B besser C. Ein Plan B schützt auch vor Depressionen.
- Wichtig nach dem Scheitern: daraus lernen und wissen, es geht auch anders vielleicht sogar besser weiter. Der Nutzen des Scheiterns kann also darin bestehen, sich und sein Leben neu zu entdecken.
- Wir brauchen auch in den Unternehmen und im Management eine Fehlerkultur im Sinne von Fehlerfreundlichkeit.

Wir brauchen daher gerade in Krisenzeiten Menschen, die auf uns achten, helfende und unterstützende Netzwerke sowie Weggefährten in Zeiten der Gefährdung. Wir brauchen Einrichtungen, die professionell begleiten, wie beispielsweise die Familienberatungen der Kirchen. Üben Sie sich in Empathie:

- Lasst uns erst auf den Menschen im Scheitern schauen und nicht auf die frei werdenden Flächen, denn es könnte auch Sie treffen! Am Ende steht inmitten allem Schweren ein Satz von Vaclav Havel, den man ins Leben übersetzen kann: „*Hoffnung ist nicht die Erwartung, dass etwas gut ausgeht, sondern das Vertrauen, dass es Sinn macht, egal wie es ausgeht.*“ Denn wer sich gehalten weiß, fällt weicher, hoffentlich in den Humus gelingender Beziehungen, für den man rechtzeitig gesorgt hat.

Notfallcheckliste: Was im Notfall zumindest etwas Not wendet ...

Niemand wünscht sich oder anderen einen Notfall, und plötzliche Erkrankungen, Unfälle oder Beziehungskrisen passieren eben meist auch ohne lange Vorankündigung. Irgendwann steckt man einfach mittendrin in einer Notfallsituation. Niemand ist davor geschützt oder kann einen Notfall für sich ausschließen. Für leitende verantwortungsvolle Familienunternehmer ist es deshalb zwingend geboten, sich mit diesem Thema zu beschäftigen. Tun Sie es mindestens für Ihre Familie und für Ihre Angestellten. Das verhindert keine Notfälle, aber sorgt dafür, dass die Betroffenen damit kompetenter, gelassener und schneller umgehen können.

Wer nicht vorsorgt, gefährdet damit auch andere und das ganze Unternehmen!

Es gibt bei den Bauernverbänden oder der zuständigen Agrarverwaltung schon komplette Notfallmappen, die Sie aber dann immer noch individuell ausfüllen müssen. Darin wird mehr als nur Namen und Adressen abgefragt. Sie können Beratung in Anspruch nehmen und falls Sie noch kein Testament haben, wird es dafür sowieso Zeit. Gehen Sie es an und Sie merken, dass es beruhigend ist, wenn Sie vorsorgen, für Sie, für Ihre Familie und für Ihren Betrieb.

An Folgendes sollten Sie bei Ihrem individuellen Notfallordner denken:

- Arbeitshinweise und Arbeitsanweisungen für Produktionstechnik und Betriebsorganisation,
- erste Ansprechpartner und Erste Hilfe,
- Vorsorgeregelungen und Vollmachten, ganz wichtig: Testament, Nachfolgeregelung, Patientenverfügung, General-, Bank- und Vorsorgevollmacht
- Finanzen und Versicherungen, Verträge, Dokumente, Schlüssel ...

Halten Sie fest, wo welche Dokumente zu finden sind und stellen Sie eine Liste mit relevanten Passwörtern zusammen.

Wahrscheinlich gibt es keinen besseren Moment, das zu tun, als JETZT! Und dann lesen Sie weiter.

Zum Schluss zwei Zitate:

Anselm Grün: *„Wenn eine Gemeinschaft ein Ziel hat, das sie beflügelt, dann wird sie auch Ideen entwickeln, wie sie wirtschaftlich erfolgreich arbeitet. Mit Druck und mit dem moralischen Zeigefinger, dass alle noch mehr arbeiten müssen, damit die Gemeinschaft überleben kann, wird man auf Dauer nicht effektiv führen.“*

Thomas Mann, Buddenbroocks: *„Mein Sohn sei mit Lust bei den Geschäften am Tage, aber mache nur solche, dass wir bei Nacht ruhig schlafen können.“*

9 oder 6
!!!
??

5

Kommunikation

Grundlage von allem, was zwischenmenschlich geschieht

Miteinander reden

Kommunikation gehört zu unserem Alltagsgeschäft, egal, ob es sich um betriebliche Zusammenhänge handelt oder die Familie. Wir schenken dem nicht allzu viel Aufmerksamkeit, solange die Kommunikation relativ reibungslos verläuft.

Nur manchmal hinterlässt ein Gespräch einen Nachgeschmack, oder eine nicht ausgeführte Absprache führt zu Ärger: *„Aber ich hatte doch genau erklärt, wie man den Pflug anhängt!“* Und manchmal haben wir das Gefühl, einfach nicht verstanden worden zu sein in unserem Anliegen, ... und manchmal sagt man dann lieber gar nichts mehr!

Der Umgang im Betrieb färbt auf das Familienklima ab, und die Kommunikationskultur der Familie beeinflusst den Betrieb.

Wäre es da nicht gut, wenn wir mehr Ahnung hätten, was Kommunikation zu guter Kommunikation macht? Je besser wir verstehen, was gut läuft, desto reibungsloser kann Kommunikation insgesamt funktionieren.

Im folgenden Kapitel betrachten wir, was es ist, das uns gut reden lässt, und was Sie selber dazu beitragen können, um dort nachzubessern, wo es dennoch ab und an hakt.

Im Übrigen: Die Haken und die Missverständnisse können Sie getrost als Normalfall betrachten: Kommunikation ist nicht einfach ein simpler reibungsloser Vorgang, es ist eine hochkomplexe Angelegenheit. Wie erfreulich, dass es so oft so gut klappt mit der Verständigung!

Grundsätze der Kommunikation

Die meisten von uns nehmen an, dass allein schon, weil ich etwas sage, die anderen mich hören und verstehen (müssen).

Ich bin in dem Fall der Sender einer Botschaft. Ich habe etwas zu sagen, und das verschlüssele ich in Worte, wie zum Beispiel: *„Kannst du mir die Zange geben?“* Die Aufgabe des Empfängers ist es, diese Botschaft dann wieder zu entschlüsseln: *„Aha, ich soll ihm die Zange reichen!“*

Reicht er die Zange rüber, hat eine Verständigung stattgefunden. Es gibt allerdings keine Garantie, dass der andere hört, was Sie sagen wollen. Sagen Sie zum Beispiel zu einem Schweizer, er solle den Boden wischen, holt der den Besen raus.

Information heißt nicht: Ich habe etwas mitgeteilt, sondern ich bin verstanden worden.
Max Frisch

Im Folgenden einige Grundsätze der Kommunikation, die zum einen Kommunikation an und für sich erklären, zum anderen aber auch beschreiben, was Kommunikation erschwert.

Das Eisberg-Prinzip

Eine Nachricht enthält zwei Ebenen: Ähnlich einem Eisberg haben wir an der Oberfläche den **Sachinhalt** – das, was wir bewusst senden wollen, die Zahlen, Daten und Fakten. Darunter, quasi unter der (Wasser-) Oberfläche versteckt sich der **emotionale Inhalt** oder die **Beziehungsebene**. Das ist das, was wir unterbewusst mitsenden (unsere Erfahrungen, Gefühle, Stimmungen und Bedürfnisse).

Die sachliche Ebene wird durch Worte vermittelt, die emotionale Ebene verbirgt sich hinter den Worten in der Wortwahl, im Tonfall, in Gestik und in der Mimik. Über diesen nonverbalen Teil vermitteln wir, wie wir uns fühlen, welche Einstellung wir zum anderen haben, und ob wir das, was wir sagen, auch wirklich so meinen.

Der sachliche Inhalt einer Nachricht gleicht dem Teil vom Eisberg, der über Wasser zu sehen ist. Das sind lediglich 1/7. Der Rest versteckt sich unter der „Wasseroberfläche" und beeinflusst von dort aus die Qualität der Kommunikation, und bekanntlich ist die Titanik ja an den Teil des Eisbergs gerammt, der unter Wasser liegt. Und genau das passiert uns in der Kommunikation auch oft.

Das vier-Seiten-Prinzip

Nun haben wir gelernt, dass eine Nachricht zwei Ebenen hat. Nach Friedemann Schulz von Thun, einem wichtigen Kommunikationswissenschaftler, spaltet sich die Beziehungsebene in drei Seiten auf. Betrachten wir das anhand eines Beispiels: *„Der Futtertisch ist dreckig!"*

1. **Sachseite**, in der es darum geht, wie kann ich Sachverhalte klar und verständlich mitteilen – und Sachinformationen aus einer Nachricht heraushören. *(Nämlich, dass der Futtertisch dreckig ist.)*

2. **Beziehungsseite**, in der ich, je nachdem, wie ich jemanden anspreche, zum Ausdruck bringe, was ich von meinem Gegenüber halte. Der Sender einer Nachricht kann durch seine Aussage Wertschätzung oder Kritik äußern, dementsprechend kann der Empfänger die Nachricht unterschiedlich aufnehmen: Er fühlt sich dann respektiert und geachtet oder auch kritisiert und verachtet. *(Eventuell, dass der Sender mir nicht zutraut, einzuschätzen, welche Arbeiten ich ausführen kann.)*

3. **Selbstoffenbarungsseite:** „Wenn einer etwas von sich gibt, dann gibt er auch etwas von sich." In jeder Nachricht steckt auch eine Kostprobe der Persönlichkeit, der Befindlichkeit des Senders, und aus jeder Nachricht kann der Empfänger etwas über den Sender heraushören. *(Eventuell, dass der Sender gerne einen sauberen Futtertisch hat.)*

4. **Appellseite** (Aufforderung): Wenn einer etwas von sich gibt, dann will er (zumeist) auch was vom anderen. Mit der Appellseite möchte der Sender etwas bewirken. Hört ein Empfänger diese Seite heraus,

Gut funktioniert Kommunikation dann, wenn der Empfänger auf der Seite reagiert, die dem Sender gerade wichtig war.

fühlt er sich veranlasst, etwas zu tun. *(Eventuell, dass ich den Futtertisch fegen soll.)*

Somit kann es, je nach Tonfall, Wortwahl und Körpersprache, so sein, dass der Empfänger zwar jedes Wort von dem versteht, was der Sender sagt, aber sich zugleich fragt: Was will er mir eigentlich sagen?

Die vier Seiten einer Nachricht

Welche Seite einer Nachricht hören Sie besonders gut? Hören Sie immer die Aufforderungen? *(„Der Futtertisch ist dreckig.“ „Ja, ich hol grad den Besen.“)*
Wenn Sie dazu neigen, üben Sie sich im Rückkoppeln. *(„Möchtest du, dass ich fege?“)*
Und Sie selbst: Wie verpacken Sie ihr Apelle / Aufforderungen? Gelingt es Ihnen, klare Bitten zu formulieren?

Das Teufelskreis-Prinzip

Es wäre einfach, wenn Kommunikation eine Abfolge von unabhängig gesendeten Nachrichten wäre. Doch sobald zwei Menschen in Kontakt treten, reagieren sie aufeinander. Seien wir ehrlich: Wir empfinden unser eigenes Verhalten oftmals als eine Reaktion auf das Verhalten des anderen.

Das Verhalten des anderen löst etwas in uns aus, was wiederum unsere Reaktion auf den anderen beeinflusst. Im günstigen Fall reagieren wir freundlich auf die Freundlichkeit eines anderen, im ungünstigen fühlen wir uns angemacht und wehren uns, worauf der andere sich wieder wehrt und irgendwann geht es nur noch darum, wer angefangen hat. Und das ist natürlich immer der andere. Kommt Ihnen das bekannt vor? Besonders häufig finden wir das bei Streitereien unter Geschwistern, aber auch in Partnerschaften ist das ein typisches Muster.

Dieser Teufelskreis schaukelt sich immer mehr hoch, sodass irgendwann Kleinigkeiten reichen, um einen Konflikt eskalieren zu lassen.

Beobachten Sie sich einmal selbst:

Wo verfärbt sich das, was Sie sagen wollen dadurch, dass Sie die Annahme haben, der andere sei, zum Beispiel nicht interessiert oder schlecht gelaunt oder mit Ihnen böse? Gelingt es Ihnen, durchzuatmen und „neutral“ zu reagieren – neu anzufangen?
Oder wie wäre das: Wie würden Sie eine Bitte aussprechen, wenn Sie annehmen, der andere sei Ihnen beispielsweise total wohlgesonnen und freudig bereit, alles zu tun, um Ihnen das Leben zu erleichtern. Macht das einen Unterschied?

Nicht-Kommunizieren ist unmöglich

Manche Menschen glauben, das gesprochene Wort sei die einzige Form der Kommunikation. Gute Kommunikation kann jedoch nicht nur auf die Wahl der richtigen Worte reduziert werden. Menschen senden und empfangen Botschaften durch ihre Mimik, ihre Gesten, Haltung und sogar durch die Kleidung und den Geruch. Diese nonverbale Kommunikation übermittelt vor allem den Beziehungsaspekt. Über die Körpersprache drücken wir aus, wie es uns geht. Ich vermittle darüber, wie ich zu dem anderen stehe, was ich von ihm halte – und ob ich das meine, was ich sage. Selbst ein langes Schweigen teilt etwas mit. Folglich ist es unmöglich, im Beisein anderer nicht zu kommunizieren. Schwierig wird es, wenn die nonverbalen Signale eine andere Botschaft senden als die Worte. (Er steht mit verschränkten Armen da und sagt: „Ich bin da ganz offen.")

Gute Kommunikation setzt das Verständnis und eine Offenheit für diese mitgesandten Botschaften voraus.

Das Selbstwert-Prinzip

Will man Kommunikation verbessern, ist es gut, den Selbstwert des Gegenübers zu achten. Wenn Sie den Eindruck gewinnen, der, mit dem ich gerade rede, findet mich okay, dann können Sie gut zuhören und sich auf den Inhalt des Gesagten konzentrieren.

Wenn Sie also wollen, dass Ihr Gegenüber gut verstehen kann, was Sie ihm sagen möchten, tun Sie gut daran, ihm das Gefühl zu vermitteln: *„Du bist okay! Ich meine es gut mit dir!"* Eine ganz besondere Kunst ist es, dieses Gefühl auch dann aufrechtzuerhalten, wenn Sie dem anderen eine Kritik überbringen oder ihn bitten, etwas anders zu machen, als er es tut. Jeder macht Fehler – aber niemand macht alles immer falsch. Wenn Sie Ihr Gegenüber infrage stellen, provozieren Sie, dass er sich verteidigt anstatt einen Fehler zuzugeben oder sein Verhalten zu verändern.

Es ist wichtig, hier die Sache von der Person zu trennen. Das ist oft gar nicht so einfach, insbesondere, wenn Sie sich über irgendetwas ärgern. Dabei sind das ja zwei Paar Schuhe: Wenn Ihr Sohn den Milchtank nicht geschlossen hat, ist das zwar sehr ärgerlich, es macht ihn aber noch lange nicht zu einem prinzipiell schlechten Menschen, sondern nur zu einem Menschen, der einen Fehler gemacht hat. Denken Sie an Zeiten, in denen Sie verliebt waren oder an Ihre Enkel: Was dürfen diese Menschen nicht alles verkehrt machen, ohne dass Sie nur auf die Idee kommen zu zürnen? Manchmal fällt es uns gar nicht schwer zwischen Person und Sache zu unterscheiden, oder?

Sie haben erfahren, dass Nachrichten neben Sachinhalten auch Beziehungsinformationen beinhalten. Sie haben es in der Hand, Ihrem

Gegenüber darin Akzeptanz zu vermitteln. Sie können selber entscheiden, in welchem Moment es für Sie wichtiger ist, Ihren Ärger mitzuteilen, und in welchem Sie für gute Verständigung sorgen wollen.

Die meisten Menschen haben die Tendenz, eher das Negative als das Positive zu sehen. Das ist ein Schutzmechanismus, der uns allerdings auch im Weg stehen kann. Wenn wir das Verhalten eines anderen nicht verstehen, sind wir schnell dabei zu glauben, der will mir Böses. Und wie reagieren wir darauf? Wir wollen uns wehren oder rächen. Aus dem Glauben, dass andere Menschen uns Schaden zufügen wollen und dafür Strafe verdienen, entsteht Gewalt.
Versuchen Sie einmal Folgendes: Wenn Sie das nächste Mal ein Verhalten eines anderen nicht verstehen oder Sie das ärgert, fragen Sie sich: „Welchen guten Grund hat der gehabt, das zu tun?“

Unterhalb der (Wasser-)Oberfläche: Gefühle und Bedürfnisse

Kommunikation wäre ganz einfach, wenn es also nur um die Sache ginge –, wenn wir alle Maschinen wären, die Botschaften empfangen und senden wie Faxgeräte vielleicht, die sich nicht ärgern, wenn die Nachricht, die ankommt unhöflich ist, oder vor Freude lachen, wenn die gute Botschaft angekommen ist oder weinen, wenn sie Nachricht über einen Verlust mitgeteilt bekommen.

An dieser Stelle wenden wir uns noch einmal dem allerersten Grundsatz der Kommunikation zu: Unter der Sachbotschaft liegt noch ein ganzer Haufen anderer Mitteilungen.

Auch wenn der eine oder andere sich dagegen wehren mag, es lässt sich nicht leugnen – wir sind keine Maschinen, sondern Menschen und einer der großen Unterschiede ist: Wir haben Gefühle.

Gefühle

Was genau sind Gefühle? Gefühle sind natürliche Begleiterscheinungen des Lebens. Sie sind emotionale Reaktionen darauf, ob ein Bedürfnis erfüllt oder nicht erfüllt wird.
Nehmen wir folgende Situation: *Ihr Bruder hat ungefragt den neuen Traktor an den Nachbarn verliehen. Sie sind wütend.* Gefühle sind universell, aber auch individuell, das heißt: Jeder kann sie haben, auch wenn sie bei unterschiedlichen Personen durch unterschiedliche Situationen ausgelöst werden. Die anderen Personen oder konkrete Situationen sind nur „Auslöser“ von Gefühlen, keine Ursache.

In dem Beispiel ist vielleicht Ihr Bedürfnis nach Verlässlichkeit verletzt, und das ist die Ursache für das Gefühl von Wut.

Sind Bedürfnisse nicht erfüllt, kann ich mich wütend, traurig, hilflos, einsam, verzweifelt, ängstlich, schwach, sauer, neidisch, ängstlich, bedrückt, unsicher, irritiert ... fühlen.

Sind Bedürfnisse erfüllt, entstehen Gefühle wie Freude, Neugier, Dankbarkeit, Zufriedenheit, Stolz, Begeisterung, Mut, Lockerheit, Gelassenheit, Fröhlichkeit ...

Die emotionale Reaktion ist körperlich spürbar, geschieht automatisch und ist nicht beeinflussbar. Die Wut zum Beispiel entsteht automatisch.

Beeinflussbar ist hingegen schon, wie man auf Gefühle reagiert. Ob ich einen anderen für meine Gefühle verantwortlich mache oder ihm etwas heimzahlen will, kann ich beeinflussen, ob ich das Gefühl ausdrücke oder hinunterschlucke auch. Die Verantwortung liegt bei mir. Oftmals werden Gefühle unterdrückt oder verleugnet. Wer gibt schon gerne zu, dass er Angst hat. Viele von uns haben nicht gelernt, offen über Gefühle zu sprechen. Wir befürchten, dass wir uns verletzlich machen. Manchmal wissen wir nicht einmal, was wir wirklich fühlen, oder wir verwechseln Gefühle mit Gedanken.

Umgang mit Befürchtungen

Es gibt Tage, da finden wir für unsere unangenehmen Gefühle kein anderes Wort als Angst. Was bedeutet dieses Gefühl?

- Ist die Angst ein natürliches Erschrecken, das uns vor drohender Gefahr warnt?
- Vielleicht eine Form von normaler Aufregung angesichts etwas Unbekanntem?
- Ist es eine gesunde Angst aus einer Überlastung heraus, die sagen will: So geht's nicht weiter?
- Lasse ich selbst meine Angst zur Panik werden, indem ich mich immer und immer um sie drehe und vielleicht auch verallgemeinere?

Selten nehmen wir uns die Zeit, unsere Ängste zu betrachten, dabei kann die Angst uns helfen, die Hintergründe unseres Tuns genauer kennenzulernen.
Stellen Sie sich doch einmal die folgenden Fragen:

- Was steht hinter meiner Angst?
- Was passiert im schlimmsten Fall?
- Was passiert im besten Fall?
- Wie wahrscheinlich ist der schlimmste Fall?
- Wie kann ich mir im schlimmsten Fall helfen?
- Was kann ich tun, um einen besseren Ausgang möglich zu machen?

Offenes Ansprechen von Gefühlen kann Erleichterung verschaffen, sorgt dafür Missverständnisse zu verringern und hilft Ihrem Gegenüber, Sie zu verstehen. Gelingt es Ihnen dazu auch noch, Ihre Bedürfnisse anzusprechen, kann das helfen, Lösungen zu finden, um diese Bedürfnisse zu stillen.

Bedürfnisse

Bedürfnisse sind das, was Sie brauchen, um sich wohl, lebendig und gesund zu fühlen. Vielleicht ist Ihnen das Wort Anliegen geläufiger, oder Sie empfinden Ihre Bedürfnisse eher als große Wünsche. Sie können ein Bedürfnis haben nach Gesundheit, Nahrung, Sicherheit, Freiheit, Sinn, Liebe, Gemeinschaft, Akzeptanz, Respekt, Loyalität, Verständnis, Ruhe, Raum, Frieden, Harmonie, Flexibilität ...

Bedürfnisse finden

Im Alltag ist oft keine Zeit, sich Gedanken über seine Bedürfnisse zu machen. Welche Bedürfnisse sind Ihnen besonders wichtig? Im Folgenden finden Sie zwei Möglichkeiten, wie Sie Ihre Bedürfnisse schnell und einfach, sozusagen im Nebenbei, erforschen können.

Vom Verhalten zum Bedürfnis:

1. Denken Sie an ein Verhalten, das Sie stört (z. B.: Der Nachbar schimpft über den Güllegeruch).
2. Welches Verhalten würden Sie sich stattdessen wünschen? (Interesse an Ihrer Arbeit)
3. Welches Bedürfnis wäre dann erfüllt? Für was wäre das gut? (Wertschätzung)

Von der Bewertung zum Bedürfnis:

1. Nehmen Sie wahr, an welcher Stelle Sie etwas negativ bewerten (z. B.: die respektlosen Jungen).
2. Überlegen Sie, was das Gegenteil der Bewertung ist: Das ist Ihr Bedürfnis (Respekt).

Bedürfnisse sind universell und können von jedem nachvollzogen werden. Unterschiedlich ist, welche Bedürfnisse dem Einzelnen besonders wichtig sind und wie er diese zu erfüllen versucht.

Ein Bedürfnis an sich kann nicht falsch oder schlecht sein. Es können aber ungesunde oder schädliche Strategien gewählt werden, um das Bedürfnis zu befriedigen.

Im Grunde genommen ist alles, was ein Mensch tut, ein Versuch, Bedürfnisse zu erfüllen. Die Erfüllung von Bedürfnissen motiviert uns zum Handeln. Somit motiviert das Bedürfnis nach Gesundheit dazu, mich gut zu ernähren, nach Liebe und Gemeinschaft, eine Familie zu gründen, nach Sicherheit, den Hof zu erhalten. Das heißt, hinter allen Handlungen liegt ein „guter Grund" verborgen.

So ist ein Bedürfnis nach Freiheit nachvollziehbar und positiv. Wenn ich mich deshalb jedoch weigere, Absprachen zu treffen, steht das jedem Miteinander im Weg. Das Bedürfnis nach Harmonie ist ein lobenswertes Grundbedürfnis, und dennoch kann es schädlich sein, aus diesem Grund alle Konflikte unter den Teppich zu kehren. Das Bedürfnis nach Treue ist völlig verständlich. Dem anderen die Freiheit nehmen und ihm oder ihr jedes Gespräch mit einer fremden Person zum Vorwurf machen, wirkt sich zerstörerisch auf jede Beziehung aus.

Ich trage Verantwortung für mein Tun und Handeln, zugleich bin ich NICHT für die Reaktion (Gefühle, Bedürfnisse, Handlungen) anderer auf mein Handeln verantwortlich. Erfüllte oder unerfüllte Bedürfnisse verursachen angenehme respektive unangenehme Gefühle. Wenn die junge Generation den Hof übernimmt, löst das bei den Eltern oft Trauer und Schmerz aus, das Abschiednehmen vom Lebenswerk ist kein Zuckerschlecken. Oftmals geht damit einher, dass die Kräfte schwinden und das Alter kommt. Auch, wenn die Hofübergabe diese Gefühle auslöst, sind die Übernehmenden nicht schuld daran.

Dennoch kann ich, auch wenn ich NICHT für die Gefühle und Bedürfnisse anderer verantwortlich bin, diese hören und darauf reagieren, ohne die eigenen Bedürfnisse aus den Augen zu verlieren. Wie können Veränderungen stattfinden, dass die Eltern Zeit haben, sich abzulösen? Wie kann ich meine Anerkennung über das Lebenswerk und die Leistung der Eltern zeigen? An welcher Stelle kann es gelingen, die Senioren einzubeziehen und dennoch dem Wunsch nach Weiterentwicklung stattzugeben?

Bedürfnisse sind nicht an bestimmte Personen oder Situationen gebunden, das heißt, niemand ist verantwortlich für meine Bedürfnisse und meine Gefühle und erst recht nicht, diese zu stillen außer ich selbst. Es gibt immer unterschiedliche Wege, wie ein Bedürfnis gestillt werden kann. Sie können dennoch andere Menschen bitten, mit Ihnen Lösungsmöglichkeiten zu finden, die allen ermöglicht, das zu bekommen, was sie brauchen.

Eine Frage des Blickwinkels

Modell der Welt

Wenn wir Dinge wahrnehmen oder erleben, denken wir häufig, dass alle anderen diese Dinge genauso sehen oder erleben. Denn was ich mit meinen eigenen Augen sehe, ist doch die Wahrheit oder?
Nehmen wir folgende Situation:
„Kannst du bitte den Futtertisch saubermachen?“
„Aber der ist doch sauber.“
„Nee, da liegt noch so viel Heustaub rum.“
„Das ist ja auch ein Futtertisch und kein Wohnzimmerboden.“

Da haben beide auf dasselbe geschaut und beide sehen etwas anderes, und das ist auch in Ordnung. Jeder hat seinen anderen Hintergrund, der seine Wahrnehmung prägt. Aufgrund von persönlichen Vorerfahrungen nehmen wir die Welt unterschiedlich wahr. Aus der Lebensgeschichte und den Erfahrungen bilden sich Vorannahmen, Meinungen, Wünsche, Erwartungen und Einstellungen. Jeder Mensch hat sozusagen seine eigene Version der Wirklichkeit, die davon geprägt ist, was derjenige bisher erlebt und kennengelernt hat. Nach und nach entsteht so in jedem Menschen sein einzigartiges Modell der Welt, mit dem er sich im Leben zurechtfindet. Alles, was man neu kennenlernt, wird durch dieses Modell erklärt und interpretiert.

Diese unterschiedlichen Modelle der Welt führen dazu, dass ein und dieselbe Tatsache von zwei Personen oft grundlegend verschieden wahrgenommen wird. Es ist also schwierig zu sagen, was wirklich die Wirklichkeit ist. Es wäre sinnvoller von der **Wahrnehmung** oder **Sichtweise der Wirklichkeit** zu sprechen.

Die Sichtweisen der Wirklichkeit bestimmen unser Handeln und das, was ich sage, was ich höre und wie ich auf etwas reagiere. Den meisten Menschen ist das nicht bewusst. Sie behandeln das, was sie annehmen, so, als wären es Tatsachen und verstehen nicht, wie ein anderer das anders sehen kann.

Daraus können wir folgende Schlüsse ziehen:

- Missverständnisse gehören zur Kommunikation dazu, weil jeder sein eigenes Modell der Welt hat.
- Auch wenn Missverständnisse völlig normal sind, wollen wir sie möglichst gering halten. Das gelingt vor allem dann gut, wenn ich mich bemühe, das Modell der Welt des anderen zu verstehen.
- Die andere Seite der Medaille ist, dass ich mich bemühe, dem anderen Einblick in mein Modell zu ermöglichen.

Wenn wir uns das klarmachen, fällt es leichter, die eigene Sichtweise als solche mitzuteilen, und die des anderen kennenzulernen und stehen zu lassen. („*Ich nehme an, dass ...*“; „*Sehe ich das richtig, dass du annimmst ...*“; „*Wie kommst du zu dem Schluss?*“). Die Unterschiede zwischen Menschen lassen sich nicht wegwischen, und das ist auch gar nicht nötig, denn das bringt ja auch eine Menge Abwechslung.

Wir können allerdings etwas dafür tun, uns besser mit den unterschiedlichen Modellen zurechtzufinden.

Perspektivwechsel

Die Wirklichkeit sieht also für jeden anders aus. Nun geht es darum, herauszufinden, **wie genau** sie denn aussieht.

Stellen Sie sich vor, Sie sitzen jemandem an einem Tisch gegenüber. Sie legen einen Zettel zwischen sich auf den Tisch, auf der Sie die Zahl 9 notiert haben. Für 9 Tausend Euro wollen Sie Ihren Anhänger verkaufen. Ihr Gegenüber nickt, sie besiegeln den Verkauf mit Handschlag und ein paar Tage später staunen Sie nicht schlecht, als er mit viel zu wenig Geld vor Ihnen steht. Und aus seiner Perspektive hat der andere ja recht, was hat Ihr Gegenüber auf dem Blatt Papier gelesen?

Das ist einfach eine 6. Wie hätte er herausfinden können, was Sie wirklich meinen? Indem er das Blatt umdreht oder auf Ihre Seite des Tisches tritt, um Ihre Sichtweise zu verstehen.

In anderen Situationen können wir nicht so leicht Blätter umdrehen oder uns an die Stelle des Gegenübers stellen.

Eine Weisheit aus Nordamerika lautet: *„Wenn du nicht 1000 Meilen in den Mokassins des anderen gegangen bist, kannst du nicht über ihn urteilen."* Dabei geht es darum, sich in den anderen hineinzuversetzen, um zu verstehen, wie die Wirklichkeit aus seiner Perspektive aussieht. Für uns kann das heißen: *„Ich kann nicht beurteilen, wie mein Mitarbeiter die Welt sieht, bevor ich nicht 21 Tage in seinen Gummistiefeln gestanden bin."* Erst dann kann ich die Ängste und Sorgen, die Bedürfnisse, die Gefühle und die Gedanken des anderen verstehen. Wenn Sie nicht mal eben 21 Tage Zeit haben hier noch einige andere Ideen, die Sichtweisen des anderen kennen zu lernen.

Die Kunst des Fragens und Zuhörens

Wie also finden Sie die Sichtweisen anderer Leute heraus? Indem Sie neugierig auf den anderen sind. Was machen Sie, wenn Sie neugierig sind? Sie stellen Fragen und Sie hören dem Gegenüber zu.

Fragen dienen dazu, Informationen zu sammeln, Wissenslücken zu füllen, ein Gespräch in Gang zu bringen und Interesse zu signalisieren. Es gibt unterschiedliche Möglichkeiten Fragen zu stellen:

- **Geschlossene Fragen**: Das sind Fragen, die vom Gegenüber mit Ja oder Nein beantwortet werden können oder eine Auswahl zur Antwort anbieten *(„Hast du die Kühlung ausgeschaltet?")* oder *(„Hast du den Traktor vors Haus oder in die Garage gestellt?")*. Wollen Sie eine Annahme überprüfen, so ist dies die richtige Art von Fragen.
- **Offene Fragen**: Das sind die sogenannten W-Fragen, die mit den Worten *„Wie?" „Wer?" „Was?" „Wodurch?"* ... beginnen. Hiermit erfahre ich Meinungen und bekomme Einblicke in Gedanken, Einstellungen,

Stellen Sie mehr Fragen! Erkunden Sie die Perspektive des anderen! Fragen Sie ihn, wie er die Dinge sieht!

Sichtweisen und Gefühle meines Gegenübers („*Was hältst du davon?*" „*Wozu ist dir das wichtig?*" „*Wie genau hast du dir das vorgestellt?*").

- **Zuhören**: Wenn Sie Fragen stellen, bekommen Sie Antworten, dafür müssen Sie zuhören. Zuhören erfüllt viele Funktionen. Wer gut zuhört, kann das Modell des Gegenübers erforschen und Zwischenmenschliches pflegen, bekundet dem Gegenüber Aufmerksamkeit und Interesse, erhält Informationen und erweitert seinen Horizont.

Weiterer Tipp zum Fragen stellen:

Warum-Fragen können Widerstand auslösen: „*Warum hast du das gemacht?*" Oftmals erscheinen sie als Kritik. Der Befragte hat den Eindruck, sich rechtfertigen zu müssen. Versuchen Sie es mit „*Aus welchem Grund hast du das so gemacht?*"

Das 1 × 1 des guten Zuhörens

Ich (**signalisiere Gesprächsbereitschaft**): „*Was ist los? Du siehst aus, als ärgerst du dich über etwas:*"

Er: „*Oh Mann, bis ich die Kuh im Klauenstand hatte heute. Die wollte absolut nicht.*"

Ich (**wiederhole die Worte des anderen**): „*Oh, es hat lang gedauert, bis du die Kuh drin hattest?*"

Er: „*Ja, ne halbe Ewigkeit!*"

Ich (**formuliere Verständnisfragen**): „*Und wie genau hast du sie doch reingebracht?*"

Er: „*Naja, was soll ich denn machen – ich hab's wieder und wieder probiert!*"

Ich (**animiere zum Weiterreden**): „*Und dann?*"

Er: „*Nachdem ich fast nicht mehr konnte von all dem Hin- und Herspringen, hab ich sie doch reingelockt. Aber es war eine Tortur. Ist mir echt viel zu anstrengend.*"

Ich (**stelle meine persönlichen Gedanken und Urteile erst einmal hinten an**): „*Ah, du findest das also anstrengend.*"

Er: „*Ja, klar – alleine ist das wirklich bescheuert.*"

Ich (**kopple zurück, was ich verstehe**): „*Ah, habe ich dich richtig verstanden, dass du das nicht mehr alleine machen willst? Und heißt das, du möchtest gerne, dass ich dir das nächste Mal helfen soll?*"

Gutes Zuhören hat im Übrigen nicht nur mit Worten zu tun. Sie können Ihrem Gesprächspartner auch ohne Worte vermitteln, dass Sie voll und ganz bei ihm sind. Sie können sich in einem Gespräch jemanden zuwenden, Blickkontakt halten und ab und an nicken.

Die Haltung dahinter

Egal, wie Sie das Zuhören und Fragen gestalten, wichtig ist die Haltung, die dahintersteht. Diese kann Wohlwollen oder Ablehnung ausstrahlen. Eine wohlwollende Haltung haben Sie, wenn Sie den anderen verstehen wollen, Interesse an ihm haben, und bereit sind, etwas über seine Sichtweise der Dinge zu erfahren.

Manchmal gehen wir davon aus, dass es ausreicht, nicht zu kritisieren, um zu zeigen, dass ich mit etwas einverstanden bin. *„Nicht geschimpft ist genug gelobt!"* ist täglich Brot auf unseren Betrieben.

Schweigen kann als Ablehnung ausgelegt werden. Das führt bei Menschen zu dem Impuls, sich zu schützen. Sie können sich nicht mehr um die sachlichen Inhalte einer Auskunft kümmern.

Jemand, der Interesse und Wohlwollen wahrnimmt, fühlt sich sicher und kann sich auf den Inhalt von Mitteilungen konzentrieren. Das erleichtert ein Gespräch um ein Vielfaches.

Überlegen Sie mal folgende Situation:

In einem Restaurant kommt der Chefkoch an Ihren Tisch und fragt: *„Hat es Ihnen geschmeckt?"*
Und Sie antworten: *„Wenn es nicht geschmeckt hätte, dann hätten Sie das schon zu hören bekommen."*
Ihr Gegenüber würde mit Schamesröte unter dem Tisch versinken, oder?
Wie oft aber gehen wir genauso mit unseren Mitarbeitern und Familienmitgliedern um, den Menschen, die mit uns leben und arbeiten, die uns wichtig und wertvoll sind, die wir brauchen, um ein erfülltes Leben und einen erfolgreichen Betrieb zu führen.

Rückkoppeln (Feedback)

Hiermit kommen wir zu einem weiteren Element von funktionierender Kommunikation: das Rückkoppeln (Feedback).
Darunter versteht man, sich zu vergewissern, ob das Gesagte verstanden wurde. Das kann Missverständnisse vermeiden und ermöglichen, dass man miteinander redet statt aneinander vorbei.

Rückkopplung und wer dafür zuständig ist

- Der Sender einer Botschaft kann rückkoppeln, um sich zu vergewissern, was der Empfänger verstanden hat (*„Kannst du mir sagen, was du gerade verstanden hast?"*).
  Beispiel: Die Aufgabe des Chefs, wenn er dem Angestellten eine Anweisung gegeben hat („Weißt du jetzt, wo du die Säcke mit dem Weizen findest?").
  Der Sender will sich vergewissern, dass der Empfänger ihn verstanden hat.

- Der Empfänger kann sich vergewissern, ob er auch das verstanden hat, was der Sender ihm übermitteln wollte *(„Du meinst also ...“)*.
  Beispiel: Aufgabe der Schwiegertochter, wenn die Schwiegermutter ihr die Melkmaschine erklärt („Lass mich schauen, ob ich alles verstanden habe: Hier ist der Schalter für ...“).
  Der Empfänger will sich vergewissern, dass er den Sender verstanden hat.

Je größer der Unterschied zwischen Ihnen und Ihrem Gegenüber ist, desto wichtiger ist es, aktiv zuzuhören, Fragen zu stellen, sich in den anderen hineinzuversetzen und zurückzukoppeln, *was* Sie verstanden haben. Somit können Sie mögliche Missverständnisse frühzeitig abfangen und verletzten Gefühlen vorbeugen.

Verstehen und verstanden werden

Bisher ging es nun hauptsächlich darum, was Sie dafür tun können, besser zu verstehen, was der andere Ihnen mitteilen möchte. Jetzt möchten Sie aber natürlich auch gut verstanden werden. Leider haben wir nicht in der Hand, wie gut der andere zuhört. Wollen Sie verstanden werden, müssen Sie dafür sorgen, sich so auszudrücken, dass Sie dem Gegenüber ermöglichen zu verstehen, was Sie mitteilen möchten, zum Beispiel ist es wichtig, von sich selbst zu sprechen. Manchmal verstecken wir uns in unseren Gesprächen und wagen kaum, das Wort ICH zu verwenden, aus Sorge, uns zu stark in den Mittelpunkt zu stellen. Wenn wir aber das Wort ICH benutzen, übernehmen wir Verantwortung für das, was wir sagen. Besonders bei Meinungsverschiedenheiten ist es sinnvoll, von mir, meiner Meinung und dem, was ICH denke, was ICH wahrnehme, was ICH annehme zu sprechen *(„ich denke ...“, „mir ist wichtig ...“, „das ist mein Bild, meine Ansicht, meine Wahrnehmung, meine Meinung ...“ „Ich möchte gerne ...“)*.

Reizwörter

Es gibt Wörter, die einen großen Spielraum für Interpretationen bereithalten und damit zu Missverständnissen führen. Ich werde Ihnen einige Worte vorstellen, bei denen es guttut, sie achtsam zu verwenden.

- **Du** – Bei der Verwendung des Wortes **DU**, ist Vorsicht angesagt. Kann ich das wirklich wissen, was ich über den anderen sagen will? *„Du passt nicht auf!“* – Ist das eine Beobachtung oder eine Annahme von mir? Ein Du kann schnell als Anklage gehört werden oder auch jemanden beleidigen, ein Du kann aber im richtigen Moment natürlich

Wertschätzung vermitteln (*„Du machst das wirklich gut!“)* oder Dinge klarstellen (zum Beispiel in Arbeitsverteilungen und Anweisung: *„Mach du das bitte!“).*

- **Aber** – Das Wort **ABER** verknüpft zwei Aussagen miteinander und macht dabei die erste Aussage zunichte. Einen besonderen Stellenwert nimmt das Wort ABER ein, wenn wir damit auf die Aussage einer anderen Person reagieren, zum Beispiel: *„Ich möchte dir den Hof übergeben UND ich will immer noch etwas zu tun haben!“* klingt ganz anders als *„Ich möchte dir den Hof übergeben, ABER ich will immer noch etwas zu tun haben!“*
- **Ja / Nein** – Können Sie **JA** sagen? Oder sagen Sie eher Ja, vielleicht ... Ja, aber ... Und: Können Sie **NEIN** sagen? Ein klares Ja und ein klares Nein sind wichtig. Ein Ja macht Verantwortungen klar – und das ist in der Zusammenarbeit und im Zusammenleben essenziell. Ein klares Nein setzt Grenzen – auch die braucht es im gemeinsamen Lebensraum. Fehlende Klarheit führt zu einem Spielraum für Annahmen (*„Sie hat nicht so wirklich NEIN gesagt, also kann ich das Auto wohl benutzen“*). Es tut gut, ehrlich „Nein!“ sagen zu können, wenn wir etwas nicht tun, geben oder zusagen wollen. Manche sind darin Profis, vielen fällt eine klare Abgrenzung schwer, ja, sie müssen das Nein-Sagen regelrecht üben.
- **Immer / nie** – **IMMER** und **NIE** sind Verallgemeinerungen. In Wirklichkeit gibt es nur wenige Momente im Leben, wo etwas wirklich immer oder nie ist. Oft wird durch diese Worte die Stärke eines Gefühls ausgedrückt. *„Immer bleibst du länger weg als abgesprochen“* bedeutet nichts anderes, als: *„Du bist gerade länger weggeblieben, als abgesprochen und ich ärgere mich darüber sehr“.* Eigentlich möchten Sie in Ihrem Ärger gehört werden, stattdessen geben Sie Ihrem Gegenüber eine Steilvorlage, dass wir darüber diskutieren, ob er tatsächlich **immer** spät kommt, oder eher manchmal, und schon sind wir im tiefsten Streit ... Mit einem „nie“ *(„Nie kommst du pünktlich!“)* scheine ich in die Zukunft sehen zu können. Ich ignoriere außerdem die Male, die der andere es anders gemacht hat und verursache dadurch Schuldgefühle und Frust.

Sagen Sie deutlich **ich möchte ...!?** Wo fällt Ihnen das leicht? Und warum funktioniert es denn da?
Macht es einen Unterschied, ob sie **UND** statt **ABER** sagen?
Beobachten Sie sich, wenn Sie den Impuls haben **„immer“** oder **„nie“** zu sagen.
Was wollen Sie damit wirklich ausdrücken? Um was geht es Ihnen?
Finden Sie Situationen, in denen es Ihnen leicht fällt, Reizwörter vorsichtig zu benutzen. Was ist da anders? Aus welchem Grund gelingt es Ihnen da besser?

Kritik äußern – Kritik annehmen

Tagtäglich gibt es Situationen, in denen ein anderer etwas tut, was mir nicht gefällt. Sprechen Sie alles Störende immer direkt an, kann das beim anderen als Nörgelei ankommen und Widerwillen auslösen. Fressen Sie es in sich hinein, führt das früher oder später zu einem Magengeschwür und Unwohlsein auf Ihrer Seite oder es platzt an ungünstiger Stelle heraus, womöglich, wenn eine vielleicht auch noch so kleine Situation das Fass endgültig zum Überlaufen gebracht hat.

Konstruktives Kritisieren:

- **Führen Sie ein solches Gespräch unter vier Augen** – im Beisein Dritter hat der Kritisierte oft den Eindruck, sich verteidigen zu müssen, um sein Gesicht nicht zu verlieren
- **Wählen Sie den richtigen Moment**. Der richtige Moment ist der, in dem Sie ruhig und mit Zeit und Aufmerksamkeit für den anderen sprechen können und der erste Ärger möglichst schon verpufft ist. Geben Sie auch dem anderen die Chance, den richtigen Moment zu wählen und kündigen Sie das Gespräch an: *„Hast du einen Augenblick Zeit? Ich möchte mit dir etwas wegen der Fahrzeuge besprechen.“*
- **Bleiben Sie beim Thema**. Vermeiden Sie es, Themen zu sammeln und dem Gegenüber mit einer Liste von Kritikpunkten zu kommen. Es bietet sich an, solche Gespräche nicht auf die lange Bank zu schieben.
- **Überlegen Sie, ob die Kritik angemessen ist** oder mehr mit der anderen Person als mit Ihnen zu tun hat.
- **Unterscheiden Sie zwischen Handlung und Person**. Jeder Mensch macht Fehler, aber keiner macht immer alles verkehrt. Geben Sie ein klares Beispiel für Ihre Kritik.
- **Bedenken Sie das Modell der Welt.** Reden Sie von sich und dem, was Sie wahrnehmen und behalten Sie eine Offenheit dafür, dass Ihr Gegenüber eine ganz andere Ansicht der Sache haben kann.
- **Bleiben Sie auf Augenhöhe.** Manchmal wäre es einfach, seine Position zu nutzen, als Älterer, als Erfahrener, als Chef dem anderen zu sagen, wie es richtig ist. Wollen Sie jedoch etwas zum Guten wenden und das am besten nachhaltig, ist es sinnvoller, den Dialog zu suchen und dem Gegenüber die Möglichkeit zu geben, Stellung zu beziehen.
- **Gutes betonen!** Das ist nicht leicht, das wissen wir alle. Versuchen Sie neben der Kritik auch Gutes zu bemerken, zu loben, sich zu bedanken, mindestens dafür, dass Ihr Gegenüber Ihnen zugehört hat.

Wie und wann also äußere ich Kritik? Der erste Schritt ist, sich selbst zu fragen: Was genau an dem störenden Verhalten schränkt mich ein oder behindert den betrieblichen Ablauf? Wenn ich mich nämlich lediglich darüber ärgere, dass mein Sohn sein Auto so selten in die Waschanlage bringt – ist da tatsächlich die Frage: Was genau geht mich das an?

Geht es aber zum Beispiel darum, dass jemand den Frontlader über die Maße beansprucht und Sie sind in Sorge, dass dieser beschädigt wird, dann sollten Sie diese Kritik aussprechen.

Die Kehrseite davon, Kritik zu äußern, ist Kritik anzunehmen. Wenn ich mir klarmache, wie unangenehm das ist, bin ich vielleicht achtsamer dabei, Kritik zu äußeren. Gibt es zudem eine Möglichkeit, besser mit Kritik umzugehen?

Das Wichtigste dabei ist, ebenfalls zwischen Handlung und Person zu unterscheiden. Kritisiert Ihr Gegenüber etwas, was Sie getan haben, ist es Ihre Aufgabe, das nicht auf sich selbst als ganze Person zu beziehen.

Das alles ist leichter, wenn Sie sich sicher fühlen. Das tun Sie aber eben nicht immer, insbesondere, wenn Sie Kritik für Dinge bekommen, die Sie an sich selbst nicht so gut finden, kann das sehr schmerzhaft sein.

Kritik wirkt weniger bedrohlich, wenn Sie sich klarmachen, dass es eine Rückmeldung ist, die Ihnen hilft, sich zu verändern und zu verbessern.

Umgang mit Kritik

Wenn Sie spüren, dass eine Kritik in Ihnen gärt (zum Beispiel, wenn Sie aus einer Kritik Ihres Sohnes an Ihrem Umgangston heraushören, Sie seien kein guter Vater):

- Zählen Sie sich innerlich Dinge auf, die Sie gut können – besonders in Bezug auf Ihre Funktion als Vater.
- Suchen Sie Momente, in denen Sie gut mit Ihrem Sohn auskamen und erinnern Sie sich lebhaft.
- Wenn das alles nichts nützt, suchen Sie eine Person Ihres Vertrauens und lassen sich dabei helfen, Ihre eigenen guten Seiten zu betrachten.
- Und nun überlegen Sie einen Schritt, den Sie tun wollen und können, um das kritisierte Verhalten zu ändern. Und, wenn Ihnen das möglich ist fragen Sie den Kritikgeber, was er denkt, was Sie anders machen können.

Ein Weg der achtsamen Kommunikation

Haben wir das nicht alle gerne: Sie sprechen eine Bitte aus und Ihr Gegenüber willigt ohne Widerrede ein.

Stellen Sie sich vor, Sie sagen: *„Du, ich hab' gesehen, dass der Schlepper mittig in der Scheune steht. Für mich ist es dann schwierig, noch einen Platz daneben zu finden. Ich muss mit dem Ladewagen ganz schön rumrangieren, damit ich den Schlepper nicht ramme. Das hat viel Zeit gekostet und ich habe mich beim Mittagessen verspätet. Da bin ich dann gestresst und*

frustriert. Mir ist es wichtig, pünktlich zu kommen. Kannst du mir sagen, aus welchem Grund du den Schlepper so mittig abstellst? Kannst du den Schlepper in Zukunft links einparken? Können wir eine Lösung finden, dass ich einfach und schnell daneben einparken kann?"
Und Ihr Gegenüber sagt: *„Ja klar, sorry, es war mir nicht bewusst, dass du da noch reinfährst. Ich werde das nächste Mal drauf achten."*

Schön oder? Warum hat das so befriedigend funktioniert?
Schauen wir uns die Aussage einmal genauer an:
„Du, ich hab' gesehen, dass der Schlepper mittig in der Scheune steht ..."
→ Beobachten, ohne zu bewerten
Ganz wichtig: Wahrnehmung, Beobachtung beschreiben, ohne zu interpretieren und werten. Wie macht man das? Hinterfragen Sie sich, ob Sie das berichten, was auch ein außenstehender Beobachter berichten würde! Eine Beobachtung ist das, was ein neutraler Teilnehmer mitbekommen würde, also das, was im Außen geschieht – ohne Interpretation. Das, was sichtbar und hörbar und vielleicht noch spürbar ist.

Also: *„Als ich gesehen habe, dass der Schlepper mittig in der Scheune steht"*, anstelle von: *„Du kannst wohl nicht einparken!"*

„Für mich ist es dann schwierig, noch einen Platz daneben zu finden. Ich muss mit dem Ladewagen ganz schön rumrangieren, damit ich den Schlepper nicht ramme. Das hat viel Zeit gekostet und ich habe mich beim Mittagessen verspätet."
→ Auswirkungen beschreiben
Jetzt helfen Sie, dem anderen zu verstehen zu geben, was das für Sie bedeutet – warum das ein Thema für Sie ist. Sie geben ihm sozusagen die Möglichkeit, auf Ihr Modell der Welt zu blicken. Wichtig hierbei ist, bei sich selbst zu bleiben. Wie wirkt sich das auf MICH aus – anstelle von Schuldzuweisungen.

Also: *„Für mich ist es dann schwierig, noch einen Platz daneben zu finden. Ich muss mit dem Ladewagen ganz schön rumrangieren"* anstelle von: *„Du hast mir da voll den Platz weggenommen!"*

„Da bin ich dann gestresst und frustriert."
→ Gefühle benennen
Das mag nun der ungewöhnlichste Teil dieser Aussage sein. Über Gefühle sprechen, das sind wir nicht gewohnt. Hierbei ermöglichen Sie dem anderen einen noch tieferen Blick auf Ihr Modell der Welt: Sie lassen ihn wissen, welches Gefühl das Ganze in Ihnen auslöst.

Wichtig: Das Verhalten des anderen ist nicht die Ursache für Ihr Gefühl aber kann ein Gefühl bei Ihnen auslösen.

Also: „**Ich** *war gestresst und frustriert!*" anstelle von: „**Du** *hast mich geärgert!* **Du** *hast mich verletzt!*"

„Mir ist es wichtig, pünktlich zu sein. „
→ Bedürfnisse benennen
Hier steigen Sie noch einmal eine Stufe tiefer ein. Sie lassen den anderen wissen, welches Bedürfnis Sie in dem Moment hatten. Dass das nicht erfüllt werden konnte, hat bei Ihnen ungute Gefühle verursacht.

Also: „*Mir ist es wichtig, pünktlich zu sein*" anstelle von: „*Du bist so unachtsam! Du bist mir im Weg!*"

„Kannst du mir sagen, aus welchem Grund du den Schlepper so mittig abgestellt hast?"
→ Sichtweise des anderen einholen.
Um aus der Situation zu lernen, werfen Sie nun durch das Fragen einen Blick auf das Modell der Welt des anderen. Sie betreiben Ursachenforschung. Sicher gibt es einen guten Grund, dass der andere so geparkt hat. Hier zeigen Sie Interesse daran, wie der das sieht („*Als ich kam, stand Max' Motorrad daneben, da war kein anderer Platz!*" oder aber: „*Ich habe da nicht dran gedacht, weil ich den Ladewagen da noch nicht gesehen habe*").

Also: „*Kannst du mir sagen, aus welchem Grund du den Schlepper da so abgestellt hast?* anstelle von „*Wie kann man nur den Schlepper da so hinstellen!*"

„Kannst du den Schlepper in Zukunft bitte links direkt an der Wand einparken?"
→ Konkrete Bitte äußern
An dieser Stelle werden Lösungsmöglichkeiten vorgegeben und besprochen. Sinnvoll ist es, diese in Form einer Bitte oder eines Wunsches anzusprechen, wichtig dabei: Eine Bitte ist keine Forderung. Eine echte Bitte erkennt man daran, dass man auch damit leben kann, wenn das Gegenüber Nein sagt.

Also: *„Kannst du den Schlepper in Zukunft links direkt an der Wand einparken?"* anstelle von: *„Von jetzt ab parkst du ganz links am Rand!"*

„Können wir eine Lösung finden, dass ich einfach und schnell daneben einparken kann?"
→ Schlussfolgerungen ziehen
Hier nun schreitet man sozusagen gemeinsames Territorium ab. Es bietet sich an, gemeinsam nach Lösungen zu suchen. Vielleicht gibt es ja etwas, das Sie nicht sehen können. *„Ich stelle den Schlepper gerne mehr an die Seite, wenn du dein Motorrad nicht in die Scheune stellst!"*

Also: *„Können wir eine Lösung finden, dass ich einfach und schnell daneben einparken kann?"* anstelle von: *„Ich entscheide hier, wie die Halle genutzt wird!"*

Dieser Weg der achtsamen Kommunikation ist nach einer Methode von Marschall Rosenberg empfunden, die sich **gewaltfreie Kommunikation** nennt.

Fazit

Viele Worte über eine der natürlichsten Sachen der Welt: die Kommunikation. Wenn Sie bis hierhin gekommen sind, dann haben Sie jetzt vielleicht den Kopf voller neuer Ideen, vielleicht sind Sie auch ein wenig frustriert, weil Sie den Eindruck haben, das bekommen Sie alles so einfach gar nicht hin.

Und vielleicht haben Sie eine Idee bekommen, wo Sie selbst „nachbessern" können, vielleicht in einer Situation, bei der immer dasselbe Missverständnis auftaucht, zum Beispiel, wenn Sie merken, dass Ihr Gegenüber nicht verstanden hat, um was es Ihnen geht. Habe ich vielleicht doch interpretiert und nicht beschrieben? Habe ich ihn doch angegriffen und nicht von mir geredet? Habe ich doch gefordert und nicht gebeten?

Bedenken Sie: Wir erwarten viel von den anderen: Sie sollen uns zuhören, unseren Bitten nachkommen, uns helfen, unsere Bedürfnisse befriedigen. Da ist es doch eigentlich ein geringer Aufwand, ein wenig an seinem Kommunikationsstil zu feilen, und letzten Endes kommt Ihnen das doch wieder selbst zugute. Sie werden sehen, Menschen, denen wir uns mit Interesse und Offenheit zuwenden, sind wesentlich bereiter, dasselbe für uns zu tun.

Es wird dennoch Situationen geben, in denen Sie sich mit Ihrem Gegenüber nicht einigen können. Das kann sich enttäuschend anfühlen. Und vielleicht gelingt es Ihnen auch, diese Differenz so stehen zu lassen, wissend, dass jeder Mensch einzigartig ist.

Seien Sie behutsam und sorgsam mit diesen Herausforderungen. Machen Sie sich klar, Sie werden nicht von heute auf morgen immer und überall achtsam kommunizieren, aber vielleicht immer häufiger und jedes Mal ein wenig achtsamer.

Schauen Sie doch zunächst einmal drauf, was von all den Sachen Sie schon wissen und wirklich gut können. Hören Sie gut zu? Stellen Sie gerne Fragen? Gelingt es Ihnen, ein deutliches Nein auszusprechen? Vielleicht wissen Sie nun, dass Ihre Neugierde sehr wertvoll ist.

NEWS

6

Familienkonflikte

Weil jede Auseinandersetzung die Fundamente freilegt

Konflikte im landwirtschaftlichen Familienbetrieb

Der Betrieb sitzt immer mit am Familientisch. Da können sich Probleme auch in die zwischenmenschlichen Beziehungen übertragen.

Konflikte? Mögen wir alle nicht – oder? In mehr als 25 Jahren Berufstätigkeit als landwirtschaftliche Familienberaterin ist es mir nur ganz selten begegnet, dass Familien dieses Wort von sich aus in den Mund genommen hätten. Wortreich werden vielfältige Situationen geschildert, und wenn ich dann versuche zusammenfassen: „*Da haben Sie wohl einen Konflikt miteinander*", dann folgt meist erst Erschrecken, dann Stille und dann oft erleichterte Zustimmung.

Familien in der Landwirtschaft haben mit vielen Konflikten zu kämpfen. Bauern müssen sich mit Behörden auseinandersetzen, Nachbarn und Verbrauchern ihre Arbeit erklären und sich häufig rechtfertigen. Die Spannungen zwischen Landwirtschaft und Umwelt- sowie Tierschutz nehmen zu, ganz zu schweigen von dem finanziellen Druck, unter dem viele Familien stehen.

Spannungsfeld Familie und Betrieb

„*Auf dem Hof ist das Leben GANZ anders, als ich das bisher gewohnt war*", meinte eine 25-jährige Erzieherin und Freundin des zukünftigen Hofnachfolgers. Familienunternehmen sind tatsächlich eine besondere Lebensform, und der landwirtschaftliche Familienbetrieb ist noch spezieller. Die enge Verzahnung von Familie und Betrieb an einem Ort bietet viele Reibungsmöglichkeiten, dazu kommt die unmittelbare Abhängigkeit von der Natur. In der Landwirtschaft finden wir ein ganz besonderes Spannungsfeld zwischen den betrieblichen Erfordernissen und den heutigen Erwartungen an Familie und persönlichen Freiraum. Familie und Betrieb hängen wechselseitig voneinander ab. Gerät der Betrieb in eine Notlage, zum Beispiel durch Überschuldung, dann bedeutet das gleichzeitig auch eine Krise für die Familie. Gerät umgekehrt die Familie in eine Krise, zum Beispiel durch Ehescheidung, Unfall, schwere Krankheit oder einen Todesfall, dann kommt der Betrieb in enorme Bedrängnis. Erfolg im Betrieb bedeutet allerdings nicht gleichzeitig gelingendes Familienleben. Manche Familie verkümmert, weil – in bester Absicht – alle Kraft in die Betriebsentwicklung gesteckt wurde. In manchen Familien dreht sich alles um den Hof. Er ist Mittelpunkt des Lebens, gilt als höchstes Gut und höchster Wert, der um jeden Preis erhalten bleiben muss. Kein Sonntag, kein Urlaub, zu wenig Zeit für die Familie und für sich selbst. Dass die Bedürfnisse der Familie dem Hof untergeordnet werden, hat eine lange Tradition, und unter den früheren Lebensverhältnissen war das auch sinnvoll, denn es sicherte das Überleben der Gemeinschaft. Doch die Zeiten haben sich geändert und heute darf die Frage neu gestellt werden: **Ist die Familie für den Betrieb da oder ist der Betrieb für die Familie da?**

In landwirtschaftlichen Familienbetrieben besteht ein weiterer grundsätzlicher Konflikt aufgrund einer Tradition, Gefühle und Bedürfnisse wenig zu beachten. Angesichts der vielen Arbeit können nicht erst Befindlichkeiten ausgetauscht werden, so meint man, wichtiger ist, dass geschafft wird. Es gilt, die vorgegebenen Aufgaben zu erfüllen und zu funktionieren. Dieses Überlebensmuster aus vergangenen Zeiten ist heute nicht mehr tragfähig. **Zu viel Hof – zu wenig Gefühle** könnte man sagen, denn für ein gelingendes Zusammenleben und persönliche Gesundheit ist es grundlegend, mit Gefühlen und Bedürfnissen umzugehen. Chronische Depressionen oder hartnäckige psychosomatische Leiden können unter anderem der Preis für unbeachtete Gefühle sein. Familie bedeutet, emotional miteinander verbunden zu sein, und Zuwendung fördert auch die gegenseitige Anerkennung, nach der alle Menschen streben.

Als Klassiker in jedem Familienbetrieb anzutreffen sind **Rollenkonflikte**. Schon durch die räumliche Nähe von Familien- und Berufsleben entstehen automatisch Konflikte, die anderen Familien in dieser Häufigkeit erspart bleiben. Wer morgens das Haus und die Familie verlässt und irgendwo außerhalb seiner Arbeit nachgeht, weiß genau, dass er dort in seiner Berufsrolle gefordert ist und nicht gleichzeitig als Mutter oder Vater. Im Familienbetrieb ist nicht immer so ganz klar, welchen Hut ich gerade aufhabe. Das wäre nicht weiter schlimm, wenn sich die familiären und die betrieblichen Anforderungen nicht teilweise widersprechen würden. Als Chef im Betrieb gebe ich Anweisungen, als Ehemann setze ich mit solchem Verhalten meine Partnerschaft aufs Spiel.

Familienunternehmen sind deswegen so erfolgreich, **weil** sie eine Familie an ihrer Seite haben. Genau aus dem gleichen Grund sind sie aber auch gefährdeter. Wichtig ist, dass Konflikte gelöst werden – für den Betrieb und erst recht für die Familie.

Insbesondere bei den Mahlzeiten stellt sich manchmal die Frage: Ist das nun der Mittagstisch der Familie oder eine Arbeitsbesprechung? Beides darf sein. Wichtig ist nur, dass wir uns darüber im Klaren sind, was wir gerade tun, und dass es für alle Beteiligten passt.

Konflikte gehören zum Leben

Konflikte begleiten uns seit Urzeiten. Nicht umsonst taucht in der Bibel gleich nach dem Schöpfungsbericht und der Vertreibung aus dem Paradies die Geschichte von Kain und Abel auf – als Geschichte eines dramatischen Familienkonflikts. Die Auseinandersetzung endet für den einen

Bruder tödlich und macht den anderen zum Mörder. Schon in der ersten Familie gab es Konflikte! Wir neigen dazu, Konflikte unter den Teppich zu kehren. Doch bleiben sie da ruhig liegen?

Es gibt Konflikte zwischen Menschen und Konflikte in mir selbst. Konflikte sind allgegenwärtig und für alle Arten von Konflikten gilt: Sie bedürfen unserer Aufmerksamkeit!

Was sind eigentlich Konflikte?
Konflikte sind Situationen, in denen die Belange von Menschen miteinander unvereinbar zu sein scheinen und die von mindestens einer Seite als bedrohlich erlebt werden. Das Wort kommt vom lateinischen *con-fligere* und bedeutet zusammen-treffen, zusammen-stoßen, zusammen-prallen. Das ist ja eigentlich nichts Schlimmes, aber meist verbinden wir damit schon eine schwere Auseinandersetzung, bei der jeder nur verlieren kann. Konflikte können sich direkt zeigen oder unter der Oberfläche schwelen.

Weshalb entstehen Konflikte?
Schon allein dadurch, dass wir Menschen verschieden sind, geraten wir aneinander. Jeder von uns bringt andere Gefühle, Bedürfnisse und Interessen ins Spiel. Jeder Mensch ist einzigartig: Es gibt Frauen und Männer, Kinder und Erwachsene, Menschen in unterschiedlichen Lebensphasen, Menschen in der Stadt und Menschen auf dem Land. Wir alle haben unterschiedliche Erfahrungen gemacht und schauen auf das Leben von unterschiedlicher Warte.

Konflikte führen ein Eigenleben
Am Beispiel von Kain und Abel und den vielen Kriegen auf dieser Welt wird deutlich: Konflikte können einen tödlichen Ausgang nehmen. Das passiert aber nicht aus heiterem Himmel. Das Ansteigen von Konflikten beschreibt der berühmte Schweizer Konfliktforscher Friedrich Glasl in neun Eskalationsstufen. Beginnend mit einer Verhärtung der Standpunkte kann eine Auseinandersetzung immer unmenschlichere Formen annehmen und schließlich im gemeinsamen Abgrund enden. Dieses Prinzip der Eskalation ist häufig zu beobachten, in der Weltgeschichte, in Unternehmen und in der Familie.

Was macht den Umgang mit Konflikten so schwierig?
Konflikte sind bedrohlich. Menschen haben ein Grundbedürfnis nach Zugehörigkeit und Harmonie, wir sehnen uns nach Übereinstimmung. Wenn die Beziehung schwierig wird, dann leiden wir. Wir befürchten, dass die Gemeinschaft zerbrechen könnte. Unsere Angst vor dem Verlust der Anerkennung oder der Liebe lässt uns die herannahenden Anzeichen für Konflikte verdrängen. Je näher uns ein Konflikt geht, desto eher schauen wir weg und scheuen uns vor der Auseinandersetzung. Der innere und äußere Druck steigt unaufhörlich, die Emotionen nehmen überhand und können uns völlig lahmlegen.

Konflikteskalation nach Glasl

In **Stufe 1–3** geht es noch um das Wohlergehen aller. Beide Parteien können noch gewinnen: **Win-win**. Zunächst verhärten sich die gegensätzlichen Standpunkte (1). Dann driften die Lager immer weiter auseinander, Debatten werden geführt, und jede Seite fühlt sich mit ihrer Sichtweise überlegen (2). In der dritten Stufe werden Tatsachen geschaffen in der Meinung, dass Reden doch nichts mehr helfe (3).
Bis hierhin und nur bis hierhin sind Betroffene noch in der Lage, sich selbst zu helfen.
In **Stufe 4–6** tritt die Überzeugung, dass nur noch einer gewinnen kann, in den Vordergrund: **Win-lose**. Sympathisanten für die eigene Sache werden gesucht, wer nicht für mich ist, ist gegen mich. Da man sich im Recht glaubt, kann man den Gegner denunzieren (4). Der andere ist das Problem, und den gilt es zu entlarven. Die Angriffe zielen auf den Gesichtsverlust des Gegners (5). Auf beiden Seiten werden Drohkulissen aufgebaut. Der Stress steigert sich kontinuierlich und engt die Sichtweisen auf den berühmt-berüchtigten Tunnelblick ein (6).
Spätestens hier ist professionelle Hilfe in Form von Beratung oder Mediation notwendig.
Ab **Stufe 7–9** ist klar, dass keiner mehr gewinnen kann: **Lose-lose**. Es geht nur noch darum, dass der Gegner einen größeren Schaden erleidet als man selber (7). Die Vernichtungsschläge steigern sich. Der Gegner wird nicht mehr als Mensch gesehen, das Augenmerk liegt jetzt auf der Zersetzung der Gegenseite (8). Der Feind muss vernichtet werden, auch wenn es die eigene Existenz kostet. Gemeinsam geht es in den Abgrund (9).
Nur Machteingriffe wie zum Beispiel Gerichtsverfahren helfen noch.

Welcher Konflikttyp bin ich?

Wie verhalten Sie sich bevorzugt bei Konflikten? Orientieren Sie sich stärker an Ihren eigenen Interessen oder stärker an denen des anderen oder berücksichtigen Sie die Bedürfnisse beider Parteien oder vielleicht weder die eigenen noch die fremden? Nach Kenneth W. Thomas lassen sich fünf verschiedene Verhaltensweisen in einem Vier-Felder-Schema anordnen, je nachdem, ob ich mich während Konflikten an meinen Bedürfnissen oder an denen der anderen Person(en) richte:

A) **Vermeiden / Flucht**
Sie gehen dem Konflikt aus dem Weg. Sie vertreten damit weder Ihre eigenen Interessen noch berücksichtigen Sie diejenigen des anderen, weder Ihre eigenen Probleme noch die der anderen Person werden gelöst. In landwirtschaftlichen Familien ist Schweigen und Davonlaufen eine häufige Variante, um sich der Auseinandersetzung zu entziehen.

Sinnvoll ist die Konfliktvermeidung in folgenden Situationen: Es handelt sich um Kleinigkeiten, Sie müssen Zeit gewinnen oder Sie sind nicht Herr der Lage. Vermeider haben die nützliche Fähigkeit, sich zurückziehen, um die Dinge (vorerst) ungelöst zu lassen. Vermeider haben häufig auch ein Gespür für den richtigen Zeitpunkt und können erkennen, wenn eine Diskussion besser auf einen anderen Zeitpunkt zu verschieben ist.

(B) **Nachgeben / Unterordnung**
Sie geben Ihre eigene Position auf und unterstützen die Sichtweise des Konfliktpartners. Sie passen sich um des Friedens Willen an. Diese Methode ist sehr nützlich, wenn die Frage für Sie nicht so bedeutsam, für den anderen dagegen sehr wichtig ist. Dann lohnt es sich möglicherweise nicht, den eigenen Standpunkt zu behaupten und die Beziehung unnötig zu strapazieren. Sich anpassen zu können ist eine wichtige Beziehungsfähigkeit.

(C) **Durchsetzen / Kampf**
Sie machen sich stark für Ihre eigenen Interessen, ohne zu kooperieren, und Sie besitzen die wichtige Fähigkeit, Ihren Standpunkt klar zu vertreten. Angemessene Einsatzmöglichkeiten für diesen konkurrierenden Stil sind Notfälle und generell, wenn schnelle Entscheidungen erforderlich sind. Auch wenn es um Fragen von großer Bedeutung geht und Sie ganz sicher sind, dass ihr Standpunkt der Richtige ist, ist es gut, sich durchzusetzen. Die Durchsetzungsmethode geht andererseits auf Kosten der Beziehung.

(D) **Kompromiss**
Dieses Verhalten liegt in der Mitte zwischen Nachgeben und Durchsetzen. Beide Seiten gewinnen etwas und verlieren etwas. Sie geben einige Ihrer Anliegen auf und bekommen dafür andere befriedigt. Die Konfliktpartner finden eine faire Lösung.

(E) **Kooperation / Konsens**
Sie finden einen Weg, bei dem beide Parteien profitieren. Hohe Selbstbehauptung und hohe Kooperationsbereitschaft verbinden sich miteinander. Dies ist das Gegenteil vom vermeidenden Stil, dafür müssen beide Konfliktpartner bereit sein, den anderen wirklich verstehen zu wollen. Nur durch offene und ehrliche Kommunikation ist es möglich, solche Win-Win-Lösungen zu erreichen.

Wichtig: Alle Konfliktstile haben ihre Berechtigung! Hilfreich ist, wenn man alle fünf Möglichkeiten flexibel und der jeweiligen Situation angemessen einsetzen kann.

Wie gehen Sie bevorzugt mit Konflikten um?

Kreuzen Sie eine Antwort an, die am ehesten für Sie zutrifft:

- Ich warte ab, ob der Konflikt sich von selbst löst. (A)
- Ich gebe nach. (B)
- Ich setze meine Interessen durch. (C)
- Ich versuche, mich mit dem anderen ungefähr in der Mitte zu treffen. (D)
- Ich suche ein klärendes Gespräch, um gemeinsam eine Lösung zu entwickeln, die uns beiden gerecht wird. (E)

Innere Konflikte

Mit sich selbst uneins zu sein, ist keine seelische Störung sondern ein ganz normaler menschlicher Zustand.

Was die Angelegenheit noch komplizierter macht: Auseinandersetzungen finden nicht nur mit anderen, sondern auch in uns selbst statt. Wie oft verspüren wir zwei Seelen in unserer Brust, die sich vielleicht auch noch heftig streiten. Dieser Zustand ist nicht gerade gemütlich und ganz abgesehen davon, dass wir uns selbst nicht wohl in unserer Haut fühlen, werden wir zusätzlich für andere schwierig. Wir sind gereizt und können keine eindeutigen Botschaften mehr senden. Wenn uns doch nur jemand erlösen könnte von dem inneren Zwiespalt!

Wenn wir bereit sind, unsere innere Zerrissenheit und Unvollkommenheit anzuerkennen, dann kann es friedlicher werden im Innen und Außen.

Ein Landwirt sagt: „*Ich bin ein Bündel von Widersprüchen. Ich hätte zum Beispiel gern einen großen Freundeskreis und dann wieder sind mir die Menschen zu anstrengend, und ich bin lieber allein mit mir, oder ich möchte mehr Zeit mit meiner Frau und meinen Kindern verbringen, und dann gehe ich doch lieber alleine angeln. Ich weiß gar nicht, wer mich mehr nervt: Die anderen Menschen oder ich mich selbst.*“ Dieser Landwirt ist schon weit gekommen, er kann seine gegensätzlichen Empfindungen, Bedürfnisse und Interessen klar benennen. Bis wir an diesem Punkt sind, dauert es oft eine ganze Zeit. Zunächst neigen wir Menschen nämlich dazu, das innere Problem nach außen abzuschieben: auf den verständnislosen Partner, die anstrengende Familie, den fordernden Beruf, den bösen Nachbar oder die moderne Gesellschaft.

Selbsterkenntnis ist der erste Weg zur Besserung, heißt es, oder, wie der bekannte Kommunikationswissenschaftler Schulz von Thun sagt: „*Willst du ein guter Partner sein, dann schau auch in dich selbst hinein.*“ Und wenn wir genau in uns hineinhören, dann finden wir dort ganz selten nur eine einzige Stimme. Schulz von Thun nennt diesen Sachverhalt **das innere Team**. Es ist gut, dass alle diese Lebensgeister in mir sind, denn jeder hat seine eigene Weisheit und seine eigene Kraft. Wir können also aus der Not eine Tugend machen und die inneren Mitspieler zu einer Art innerer Ratsversammlung auffordern. Dabei ist es wichtig, dass alle Stimmen gehört werden, auch die, die wir nicht so gerne mögen. Manche schreien lauter und manche sind ganz leise. Manche melden sich erst nach längerem in uns Hineinhorchen zu Wort. Manche Stimmen mögen wir gerne, andere würden wir lieber in den Untergrund verbannen.

Inneres Team – ein Beispiel

Welche Mitspieler lassen sich in unserem inneren Durcheinander oder Gegeneinander identifizieren? Alle Menschen tragen ein **Oberhaupt** in sich, das ist die Chefin oder der Chef des inneren Teams. Das Oberhaupt stellt die Einheit der Person sicher, nach innen leitet es die Versammlung der inneren Mitspieler und nach außen kommuniziert es die Ergebnisse mit anderen Menschen. Die weiteren Spieler sind von der jeweiligen Situation abhängig. Wenn wir versuchen, den inneren Stimmen im genannten Beispiel Namen zu geben, dann finden wir dort vielleicht einen Gemeinschaftsmenschen, einen Auf-Sich-Selbst-Bedachten, einen Allen-Recht-Machen-Woller, einen Antreiber, einen Faulpelz, einen Naturliebhaber und einen Perfektionisten. Alle inneren Teammitglieder halten eine Botschaft bereit, die gehört und verstanden werden will. Lassen wir die Mitspieler zu Wort kommen.

- Der **Gemeinschaftsmensch**: Die Familie hat Spaß und du bist nicht dabei. Das wird noch ein schlimmes Ende nehmen. Irgendwann wird deine Frau sich scheiden lassen und die Kinder werden nichts mehr von dir wissen wollen!
- Der **Auf-Sich-Selbst-Bedachte**: Du musst für dich selbst sorgen. Wie willst du sonst dem harten Betriebsalltag weiterhin gewachsen bleiben?
- Der **Allen-Recht-Machen-Woller**: Bloß kein Streit! Tante Erna wartet auch noch auf Besuch!
- Der **Antreiber**: Du musst Familie und Betrieb gerecht werden. Streng dich mehr an!
- Der **Faulpelz**: Lege dich aufs Soja, du brauchst eine Pause.
- Der **Naturliebhaber**: Nein, lass uns zum See fahren, die Sonne scheint so schön!
- Der **Perfektionist**: Sei kein Weichei! Ein Mann muss immer wissen, was er will!

Manche Spieler haben ähnliche Interessen, andere stehen in krassem Gegensatz zueinander, so wie in wirklichen Teams auch. Es wäre interessant zu wissen, wie die innere Ratsversammlung ausging. Ein Ergebnis der inneren Verhandlungen könnte sein, dass der Landwirt seine Angst vor Unvollkommenheit und vor Ratlosigkeit überwindet und sich gegenüber seiner Frau öffnet. Er könnte ihr von seinen inneren Mitspielern erzählen und wie es ihn manchmal fast zerreißt, und sehr wahrscheinlich wird er erleben, dass er von seiner Frau geliebt wird, auch und vielleicht gerade mit seinen innerlichen Widersprüchen. Nur wer sich selbst akzeptiert, kann sich auch anderen zuwenden und für sie da sein. Je besser ich mich selbst mit meinen widersprüchlichen Anteilen kennenlerne, desto klarer kann ich kommunizieren, und umso leichter fällt es mir, Verständnis für die Gefühle, Bedürfnisse und Wünsche anderer zu entwickeln.

Wie löst man Konflikte?

Manchmal knallt es einfach, dann kommt raus, was schon seit Ewigkeiten nervt. Eine vorübergehende (!) Phase von Angriffen, Vorwürfen und Beschuldigungen kann geradezu heilsam sein. Wichtig ist, dass man nach einem solchen Ausbruch nicht einfach zur Tagesordnung übergeht, so als wäre nichts gewesen.

Einer muss den Anfang für eine konstruktive Auseinandersetzung machen, und da gehört viel Mut dazu.

Wenn Sie die Person waren, die explodiert ist, dann können Sie sagen, dass es Ihnen leid tut, so ausfällig geworden zu sein. Und dass Sie gerne zu einem passenden Zeitpunkt darüber reden möchten. Und falls Sie das beim besten Willen nicht über die Lippen bringen, dann haben Sie hoffentlich das Glück, dass Ihr Partner den Sprung zur Wiederannäherung wagt.

Sobald Sie gemeinsam einen guten Zeitpunkt und einen guten Ort für ein klärendes Gespräch gefunden haben, dann ist es für beide Seiten wichtig, **auf Vorwürfe und Rechtfertigungen zu verzichten**. Schuldzuweisungen treiben den anderen in die Enge und lassen den Streit erneut hochkochen. Ziel einer Aussprache muss Verständigung sein, und gegenseitiges Verstehen gelingt dann, wenn wir von uns selbst, **von den eigenen Gefühlen und Bedürfnissen sprechen**, zum Beispiel: „*Ich fühle mich wie bestellt und nicht abgeholt, wenn du eine Stunde später kommst, als wir abgemacht haben. Ich freue mich auf den Abend mit dir. Du bist mir wichtig und ich möchte dir auch wichtig sein.*“ Die Situation entspannt sich oft ganz schnell, wenn wenigstens einer es schafft, seine Gefühle und Bedürfnisse in Worte zu fassen. Dies ist für viele ungewohnt, aber erlernbar.

Und was kann man tun, damit es gar nicht erst zum großen Knall kommt? Es geht darum, **Konflikte bereits in einem sehr frühen Stadium zu erkennen** und damit umzugehen, zum Beispiel ist da eine junge Frau, die auf einen Hof eingeheiratet hat, die Schwiegereltern sind aufs Altenteil gezogen. Auf einmal sitzt der Schwiegervater in ihrer Wohnküche und hat sich einen Kaffee geholt, wie immer nach der morgendlichen Stallrunde. Der Schreck ist groß – was tun? Auf jeden Fall ansprechen! und zwar, sobald Sie sich über Ihre Gefühle und Bedürfnisse klar geworden sind, auf jeden Fall freundlich, aber auch so deutlich wie möglich: „*Lieber Schwiegervater, du sitzt hier in meiner Küche. Ich mag dich und für dich ist es bestimmt komisch, dass diese Küche jetzt meine ist. Mir ist nicht* *wohl, wenn ein anderer als dein Sohn sich ohne mein Wissen in unserer Wohnung aufhält. Denn ich habe das Bedürfnis nach einer Privatsphäre. Du kannst gern einen Kaffee haben, aber klingle doch bitte das nächste Mal."* Das braucht viel Mut, aber es lohnt sich, sonst ärgert sich die junge Frau Woche für Woche, und er wundert sich über seine schnippische Schwiegertochter. Der Konflikt schwelt weiter, Blicke und Worte werden negativ gedeutet. Seine Frau beschwert sich beim Sohn, und letztlich kommt es möglicherweise zum großen Krach: *„Die leben uns zu Leid, dabei haben sie doch unseren Hof bekommen."* Damit wäre dann das Kind in den Brunnen gefallen.

Konfliktmanagement ist eine Kernaufgabe in Familienbetrieben. Probleme frühzeitig anzugehen, trägt wesentlich zu einem gesunden Familien- und Betriebsklima bei. Wir brauchen einen guten Riecher für unterschwellige Konflikte und die Bereitschaft, unser Inneres zu erkunden. Wir brauchen Mut, zu unseren Gefühlen und Bedürfnissen zu stehen und uns in unserer Verletzlichkeit zu zeigen. Wir brauchen Einfühlungsvermögen in unser Gegenüber und Respekt vor seinen Bedürfnissen. Wir brauchen Fähigkeiten als Zuhörer und Sprecher, um den anderen zu verstehen und besser auszudrücken, was wir meinen, und wir brauchen eine gute Portion Gelassenheit und Zuversicht.

Das ist doch alles ein bisschen viel verlangt? Das stimmt und zum Glück gibt es nützliche **Unterstützungsangebote**. Es ist noch kein Meister vom Himmel gefallen und sinnvoll streiten zu lernen, ist sowieso eine lebenslange Aufgabe. Die Grundlagen der Kommunikation finden Sie in Kapitel 5. Es gibt unzählige Bildungsangebote in den Volkshochschulen und ländlichen Bildungshäusern. Unter den Namen EPL (ein partnerschaftliches Lernprogramm) und KEK (konstruktive Ehe und Kommunikation) werden sehr empfehlenswerte Gesprächstrainings für Paare angeboten, und nicht zuletzt hat sich in den letzten Jahren mit der sogenannten Mediation ein wirksames Verfahren zur konstruktiven Konfliktbewältigung auch in landwirtschaftlichen Familienbetrieben etabliert.

Für Konfliktgespräche ist wichtig

- Gute Zeit und guter Ort, Störungen ausschalten.
- Von sich selbst sprechen, den eigenen Gefühlen und Bedürfnissen.
- Das Problem angreifen, nicht den Gesprächspartner.
- Sachlich und beim Thema bleiben.
- Eigene Fehler eingestehen.
- Dem anderen nicht unter die Nase reiben, wenn ich im Recht bin.
- Durchatmen, Pause machen, falls die Emotionen überhand nehmen.

Was ist Mediation?

Mediation ist ein Konfliktlösungsverfahren, das sich besonders gut zur Bewältigung der vielschichtigen landwirtschaftlichen Konflikte eignet: Trennung und Scheidung, Generationenkonflikte, Nachfolgeregelungen, Erbauseinandersetzungen, Betriebskooperationen und Nachbarschaftsstreitigkeiten. Ziel ist es, zu einer einvernehmlichen Lösung zu gelangen, dabei sitzt eine Mediatorin oder ein Mediator als neutraler Dritter mit am Tisch und unterstützt die Gespräche, trifft aber keine Entscheidungen. Angeboten wird Mediation unter anderem von den Landwirtschaftlichen Familienberatungsstellen und den Bauernverbänden. Wenn alles gut läuft, kann für die Konfliktparteien mithilfe einer Mediation mehr herauskommen als ein einfacher Kompromiss. Wie so etwas möglich ist, zeigt das berühmte Beispiel von der Orange.

Der Streit um die Orange
Zwei Schwestern, Annika und Lisa, stehen in der Küche und streiten sich lautstark um eine Apfelsine. Annika meint, Lisa würde ihr immer alles streitig machen. Lisa erwidert, Annika wolle immer bestimmen. Die Mutter kommt hinzu. Was wird sie tun? Vermutlich vorschlagen, die Apfelsine zu teilen. Das wäre dann ein Kompromiss und eine gute Lösung, da zweifelsohne gerecht. Doch Mediation kann mehr. Die Mutter könnte ihre Töchter fragen, was ihr Interesse an der Apfelsine ist. Annika würde dann erklären, dass sie die Schale für einen Kuchen benötigt, und Lisa könnte klarstellen, dass sie den Saft trinken möchte. Die Schwestern würden sich nun wohl darauf einigen, dass Annika erst den Saft auspresst und Lisa anschließend die Schalen für den Kuchen verwendet.

Was sind die Voraussetzungen für eine Mediation?
Mediation gibt es nur auf freiwilliger Basis. Ich kann meinen Konfliktpartner vor Gericht zerren, aber nicht zu einer Mediation zwingen. Auf allen Seiten ist also Bereitschaft zur Verständigung gefordert, diese Bereitschaft gilt es häufig erst aufzubauen. Alle Beteiligten können die Mediation jederzeit beenden. Ein weiterer Grundsatz ist die Verschwiegenheit und die Vertraulichkeit. Was in der Mediation besprochen wird, darf nicht an Dritte weitergegeben werden, das gilt für alle Beteiligten. Die Mediatoren nehmen die Bedürfnisse und Interessen aller Personen mit gleichem Respekt wahr, sie fühlen sich in alle Konfliktparteien gleichermaßen ein, sind damit allparteilich und stellen sich nicht auf eine Seite.

Wie läuft eine Mediation ab?
So wie alle Menschen verschieden sind, so gleicht auch keine Mediation der anderen. Schon in der Teilnehmerzahl gibt es eine hohe Bandbreite. Auch die Anzahl der notwendigen Termine ist stark schwankend:

Manchmal reichen zwei bis drei Sitzungen, in komplizierten Fällen können auch zehn bis zwölf Treffen zu je ca. zwei bis drei Stunden notwendig werden. Eine Mediation unterteilt sich in mehrere Phasen:
1. Auftragsklärung,
2. Sammlung der Themen,
3. Positionen und Interessen / Sichtweisen- und Hintergrunderkundung,
4. Sammeln und Bewerten von Lösungsoptionen,
5. Abschlussvereinbarung.

Was bringt Mediation?
Eine Mediation ist unbürokratisch, flexibel und kostensparend. Es lohnt sich gerade bei Familienkonflikten, diese selbstbestimmt und eigenverantwortlich zu lösen. Wer will schon gegen Familienangehörige zu Gericht ziehen? Wer will sein Leben lang in Unfrieden mit nächsten Angehörigen leben und diese Konflikte möglicherweise noch in die nächste Generation weitergeben? Nutzen Sie die Möglichkeiten der Mediation, um tragfähige Lösungen zu finden und Ihren Beitrag zum Familienfrieden zu leisten!

Präventive Vertragsmediation

Präventive Vertragsmediation ist ein neues Verfahren, um in einer möglichst frühen Phase von Vertragsverhandlungen oder Projekten Interessen und Ziele, aber auch mögliche Ausschlusskriterien der potenziellen Partner herauszuarbeiten und festzuhalten. Die Präventive Vertragsmediation schafft die Basis für einen nachhaltigen Vertrag indem

- sie den Fokus nicht auf juristische oder steuerliche Aspekte eines künftigen Vertrags richtet, sondern auf die Menschen, die den Vertrag später leben.
- die künftigen Vertragspartner zunächst klären, was sie wollen und was lieber nicht und dann erst das „wie“ angehen.
- ergebnisoffen festgestellt wird, ob sich das Projekt überhaupt gemeinsam realisieren lässt oder ob die Vorstellungen nicht doch zu unterschiedlich sind.
- bei abweichenden oder sich sogar ausschließenden Zielen und Interessen Lösungen erarbeitet werden, damit der Vertrag in der Praxis trotzdem funktionieren kann.
- ein individuelles Konfliktmanagement und Regeln für eine gute und gewinnbringende Kommunikation vereinbart werden.
- festgestellt wird, ob und welche gemeinsame Werte die Beteiligten verbinden;
- Vertrauen zwischen den künftigen Vertragspartnern wachsen kann.
- eine Basisvereinbarung für den späteren Vertrag/Projekt die „Geschäftsgrundlage“ der Beteiligten spiegelt und als Auslegungshilfe dient.

Präventive Vertragsmediation bieten zum Beispiel die Bauernverbände an.
Michael Nödl, Justitiar des Badischen Landwirtschaftlichen Hauptverbands, Mediator

Das Paar in der Landwirtschaft

Mittelpunkt des Familienbetriebs

In Kapitel 4 haben wir gesehen, dass traditionell ein Paar die Steuerungszentrale im landwirtschaftlichen Familienbetrieb bildet. Nach den Zahlen der Landwirtschaftlichen Alterskasse gibt es in Deutschland rund 280 000 landwirtschaftliche Betriebsleiter/innen, davon sind gut 90 % männlich. Von diesen Männern sind rund 70 % verheiratet, bei den Betriebsleiterinnen sind es nur etwa 20 %. Insgesamt werden bundesweit zwei Drittel aller Höfe von Verheirateten bewirtschaftet, dazu kommt eine zunehmende Zahl unverheiratet zusammenlebender Paare. Verheiratet sowie Vater und Mutter zu sein, gehört nach wie vor zur Normalbiografie in der Landwirtschaft.

Das Paar stellt das Scharnier zwischen Familie und Betrieb dar. Es ist ein eigenes System, das wenig Beachtung findet.

Im betrieblichen und familiären Alltag geht die Paarbeziehung leicht unter im Familien- und im Betriebssystem. Auch gleichgeschlechtliche Paare gehören zur landwirtschaftlichen Lebenswirklichkeit, hier scheint das Thema Homosexualität jedoch ähnlich tabuisiert zu sein wie im Handwerk, Fußball oder Militär.

Wenn zwei Welten aufeinanderprallen

Bei einer Einheirat kommen die beiden Partner fast immer aus ganz verschiedenen Welten, daher wird die Freundin des Hofnachfolgers oder der Freund der Hofnachfolgerin oft kritisch beäugt. Das ist verständlich, denn die Eltern sorgen sich um den Hof und sind unsicher, was diese Person für ihr künftiges Leben bedeutet. Schwiegerkinder bringen heute mehr Selbständigkeit, Selbstsicherheit und Selbstbewusstsein mit als früher, und die Hofnachfolger schätzen das. Vielfach haben sie erlebt, dass ihre Großmütter und manchmal auch noch die Mütter die eigenen Bedürfnisse und Interessen zugunsten des Hofes aufgegeben haben, und das nicht immer zum Wohl ihrer Ehe.

Nehmen wir den Fall, dass eine Stadtfrau einen Landwirt heiratet, was kommt auf die beiden zu? Während er gewohnt ist, bis spät abends und auch am Wochenende zu arbeiten, kennt sie den Feierabend ab 17 Uhr. Samstags und sonntags lässt sie am liebsten die Seele baumeln. Welche Kompromisse findet das Paar? Es gibt unendlich viel zu klären. Was ist ihr Platz auf dem Hof? Arbeitet sie weiterhin in ihrem Beruf oder

Die Fabel von Hund und Eselin

Ein Hund und eine Eselin verlieben sich unsterblich ineinander und feiern schließlich Hochzeit. Alle geladenen Tiere sind sich einig, kaum je ein glücklicheres Brautpaar erlebt zu haben. Das Fest ist vorüber, das strahlende Paar bezieht frohen Mutes seine Hütte. Die Jahreszeiten gehen vorbei und ein Jahr später kommt der Dachs – ehemals Hochzeitsgast – in die Gegend, um Hund und Eselin einen Besuch abzustatten. Er betritt die Hütte und ist tief erschrocken. Die beiden geben ein Bild des Jammers ab. Bis auf die Knochen abgemagert kauern sie am Boden und siechen dahin. Der Dachs wendet sich zutiefst besorgt an den Hund und flüstert ihm ins Ohr: „Was ist nur deiner ehemals blühenden Braut widerfahren, dass ich sie in diesem Zustand sehen muss?“ – „Ich habe keine Ahnung, ich bin völlig verzweifelt. Sie wird weniger und weniger, obwohl ich ihr immer die besten Knochen und das beste Fleisch anbiete.“ Der Dachs stellt daraufhin der Eselin ebenfalls die Frage, was mit dem Hund geschehen sei. Darauf die Eselin: „Es ist ganz schrecklich, mein Gemahl wird immer schwächer und kränker, obwohl ich ihm immer das duftigste Heu und die feinsten Disteln überlasse.“

Ernst Bloch nach einer Fabel von Äsop

bringt sie sich in den Betrieb ein? Wie wird die Generationenbeziehung gestaltet? Für die junge Frau ist alles neu und sie ist manchmal verunsichert: „*Bin ich den Aufgaben gewachsen*?“ Sie fühlt sich möglicherweise als Eindringling und Störenfried, weil sie die Betriebsabläufe und Gewohnheiten nicht kennt, und weil sie weiß, dass sie der Mutter den Lieblingssohn weggenommen hat. Viel Neues ist zu bewältigen, an manches wird sie sich schnell gewöhnen, mit anderem wird sie noch Jahre ihre Schwierigkeiten haben. Manche Paare beziehen zunächst eine Wohnung entfernt vom Hof und sind froh über diese Zeit zu zweit: *„So konnten wir uns erst aneinander gewöhnen und schauen, ob der normale Alltag klappt, bevor ich mich an den Hof-Alltag gewöhnen musste“*, erzählt eine Bäuerin aus Hessen.

Häufig gelingt es den Eingeheirateten sogar, alte Familien- oder Nachbarschaftsfehden beizulegen, weil sie bisher mit der Angelegenheit nichts zu tun hatten.

Naturgemäß bringt jede Einheirat Konflikte in das System, das gilt erst recht in dem selteneren Fall, dass Männer auf Höfe einheiraten. Die Eingeheirateten sind ein Segen für einen Hof, ohne sie gäbe es keine Zukunft. Ihr großer Vorteil ist, dass sie von außen kommen und (noch) nicht betriebsblind sind. Sie sehen, was vielleicht umständlich und überholt ist – selten wird das gedankt.

Eingeheiratete haben eine Schlüsselposition für neue Strategien zur Lebensbewältigung inne. Eine Einheirat ist immer schwierig für alle Seiten. Inzwischen werden auch Seminare angeboten, zum Beispiel unter dem Titel: „*Hilfe, ich heirate einen Hof!*“

Was hilft? Das aufeinander Einlassen braucht Zeit und Geduld. Für die Schwiegereltern kommt da eine fremde Person auf den Hof. Wichtig ist die gegenseitige Bereitschaft, den anderen so zu nehmen, wie er ist, und vielleicht sogar neugierig zu sein auf seine Ideen vom Leben und von dieser Welt. Es ist es oft schwer, diese Andersartigkeit zu respektieren und gerade dann ist es vonnöten, sich regelmäßig auszutauschen über Bedürfnisse, Befürchtungen und gegenseitige Erwartungen. Aufgaben und Verantwortungsbereiche müssen von Anfang an eindeutig bestimmt werden. Alle Beteiligten benötigen Rückzugsmöglichkeiten und eine Privatsphäre. Der auf dem Hof aufgewachsene Partner hat eine wichtige Aufgabe als Übersetzer und Brückenbauer, damit die Welten zusammenwachsen können. Oft ist das die schwierigste Rolle. Der Hofnachfolger/die Hofnachfolgerin stehen immer dazwischen und fühlen sich teilweise, als ob sie von allen Seiten nur Schläge abbekommen. Heute gilt mehr denn je der biblische Grundsatz: „*Darum wird ein Mann Vater und Mutter verlassen und an seinem Weibe hangen, und sie werden ein Fleisch sein.*" Das bedeutet im Konfliktfall ganz klar an der Seite der Partnerin beziehungsweise des Partners zu stehen, ohne die Wertschätzung den Eltern gegenüber zu verlieren.

Alltagsorganisation – der Hofpropeller

Früher waren Aufgaben und Rollenverteilung klar vorgegeben. Heute hat jedes Paar sowohl die Freiheit als auch die Last, sich das Leben auf dem Hof nach den eigenen Vorstellungen einzurichten. Die Situation ist vielschichtig, und es gibt eine Fülle an Themen, die zu beachten sind.

Das für den Hof verantwortliche Paar hat eine zentrale Stellung, die mit einer Propellernabe vergleichbar ist. Die Nabe steht in Verbindung mit den Propellerflügeln, den verschiedenen Lebensbereichen, und diese sind in unterschiedlichen Farben wiedergegeben: Es gibt die leistungsorientierten Systeme Betrieb, Hauswirtschaft, außerlandwirtschaftliche Erwerbstätigkeit und betriebliche Kooperationen. Hier geht es um Funktionieren und Effizienz, Gefühle sind untergeordnet.

Und es gibt die personenorientierten Systeme: Kinder, Herkunftsfamilie, Freundschaften. Diese Lebensbereiche sind von emotionaler Zuwendung geprägt, und Leistungsansprüche sind weniger angemessen.

Die Paarbeziehung

Aufgabe des Paares ist es, Rollenverteilung und Zuständigkeiten zu verhandeln und bewusste Entscheidungen zu treffen. Solche freien Verhandlungen sind eine relativ junge Erscheinung auf den Höfen. Heute ist Partnerschaft eine Verbindung von zwei eigenständigen Personen, dazu gehören eigene Kontakte, eigene Meinungen, eigener Beruf und eigenes Geld. Zu viel Abhängigkeit zerstört die Liebe. Möglicherweise sind Sie sich ja in der klassischen Rollenverteilung einig, dann stellt sich immer noch die spannende Frage, ob Familienarbeit und Betriebsarbeit gleich viel zählen. Egal was Sie entscheiden, von Zeit zu Zeit werden Sie Ihr Arrangement überprüfen müssen, denn die Entwicklungsaufgaben eines Paares verändern sich im Laufe des Lebens. Gemeinsam die Übersicht über das Gesamtsystem Bauernhof in jedem Lebensabschnitt zu behalten, Aufgaben und Rollen fair untereinander zu verteilen und die notwendigen Entscheidungen zu treffen, das ist Aufgabe des zentralen Paares, so lange, bis der Hof an die nächste Generation abgegeben wird.

Der Betrieb

Es gibt eine große Vielfalt an landwirtschaftlichen Betriebsformen: kleine und große, Haupt-, Zu- und Nebenerwerb, Vieh haltend oder ohne Vieh, Sonderkulturen, Ackerbau-, Grünland-, Forst- oder Gemischtbetriebe. Was betrieblich wichtig ist, das finden Sie in den Kapiteln 3, 5 und 8. An dieser Stelle sollen lediglich Beobachtungen zur Rolle der Frauen in landwirtschaftlichen Betrieben ergänzt werden.

Laut einer top agrar-Umfrage unter 6000 Bäuerinnen haben überwältigende 97 % der Frauen feste Aufgaben im Betrieb und sind glücklich damit, nur 13 % davon würden gern auf die Mitarbeit im Betrieb verzichten. Für die Hälfte der Bäuerinnen ist selbstverständlich, dass ohne sie im Betrieb nichts entschieden wird. 20 % der jungen Landwirtsfrauen haben selbst eine landwirtschaftliche Ausbildung und nur noch 15 % eine hauswirtschaftliche. Und doch ist der Anteil der landwirtschaftlichen Betriebsleiterinnen in Deutschland mit 9 % immer noch sehr gering. In Österreich liegt der Frauenanteil mit 37 % um ein Vielfaches höher.

Wie eine Langzeitstudie über 30 Jahren mit 134 Höfen in Nordbayern belegt, bestehen dort trotz des enormen Strukturwandels nach wie vor 105(!) Betriebe. Das erstaunliche Überleben einer so hohen Anzahl von Betrieben führt die Untersuchung auf die Rollenflexibilität der Frauen zurück, die eine große Vielfalt an existenzsichernden Betriebskonzepten möglich machte. Die zusätzlichen Standbeine entstanden häufig aus dem hauswirtschaftlichen Bereich heraus, so zum Beispiel Weiterverarbeitung, Gästebewirtung und Ferienwohnungen.

Weitere Einkommensbereiche

55 % der landwirtschaftlichen Betriebe werden im Nebenerwerb bewirtschaftet, und dabei sind die Kleinbetriebe unter zwei Hektar in Deutschland noch nicht einmal erfasst. In den meisten Fällen ist Nebenerwerb nicht der Einstieg in den Ausstieg aus der Landwirtschaft. Nebenerwerb wird in vielen Regionen seit Generationen praktiziert und stellt eine eigenständige Form bäuerlicher Landbewirtschaftung dar. Leider hat der Begriff Nebenerwerb oft einen abwertenden Beigeschmack: *„Das sind doch keine richtigen Bauern!“* Mir gefällt das Wort Einkommenskombination daher besser. Alle, die nicht ausschließlich von der Erzeugung landwirtschaftlicher Rohstoffe leben, praktizieren Einkommenskombinationen, und das betrifft auch viele sogenannte Haupterwerbsbetriebe. Einkommenskombinierer nutzen in kreativer Weise ihre Ressourcen an Arbeitskraft, Boden, Gebäuden und Kapital und passen ihre Betriebsstrukturen und Produktionsintensitäten daran an. Sie geraten nicht so leicht in die Kostenfalle und sind eine zukunftsfähige Alternative zum Wachsen oder Weichen. *„Lieber Nachbarn statt Hektar“*, sagen unsere französischen Berufskollegen. Durch ihre außerlandwirtschaftlichen Verbindungen bauen sie Brücken in die übrige Gesellschaft und sind für den Erhalt der Kulturlandschaft unverzichtbar.

Unter Bäuerinnen ist die ganze Bandbreite der Berufe vertreten: Erzieherin, Schreinerin, Lehrerin, Elektronikerin, Ärztin, Bürofachfrau, Journalistin, Laborantin, Grafikerin, Friseurin, Postbeamtin, Finanzwirtin und viele mehr. Das eigene Einkommen der Frauen bringt aber auch eine emanzipatorische Verstärkung auf den Hof – für manche Männer ist das nicht ganz leichte Kost.

„Eine Bäuerin gehört auf den Hof“, so hieß es früher. Heute haben laut Bäuerinnen-Umfrage mehr als ein Drittel der Frauen einen Zusatzjob, viele davon in Vollzeit.

Haushalt / Hauswirtschaft

Während viele Bäuerinnen betrieblich gesehen mit ihrem Mann eine Doppelspitze bilden, sind sie im Haushalt noch weit davon entfernt. Über ein Drittel der Landwirte halten sich so gut wie vollständig von der Hausarbeit fern. Nur 6 % der Paare praktizieren im Haushalt eine konsequente Partnerschaft, weitere 6 % der Frauen werden von ihrem Mann erheblich unterstützt. 40 % aller Frauen geben an, Entlastung im Haushalt zu benötigen. Etwa die Hälfte der Frauen fühlen sich mit der klassischen Rollenverteilung wohl. „*Ich empfinde die Hausarbeit nicht negativ, in diesem Bereich regiere ich*", meint eine 42-jährige Bäuerin mit großem Betrieb in Niedersachsen.

Kinder / Kernfamilie

Bauernhöfe sind ein hervorragender Ort für das Heranwachsen von Kindern, gerade weil Mutter und Vater nicht weit entfernt sind. Die Fähigkeit, emotionale Bindungen einzugehen, hängt wesentlich von unseren Erfahrungen mit unseren Eltern ab. Widerstandsfähige, mit Urvertrauen ausgestattete Kinder benötigen nahe Bezugspersonen, die sich liebevoll um sie kümmern und sie in ihrer Entwicklung unterstützen. Die Kinderbetreuung ist heute meist immer noch weibliche Domäne, und die Rolle der Väter wird manchmal unterschätzt. Väter haben mehr Einflussmöglichkeiten und damit auch mehr Verantwortung gegenüber ihren Kindern als manche denken. Wenn das Baby nachts schreit und sich kaum beruhigen lässt – wer steht auf? Wer bringt die Kinder ins Bett? Wer betreut die Hausaufgaben? Wer geht zu Elternabenden? Landwirte haben ja so etwas wie einen „Heimarbeitsplatz" und damit die besten Voraussetzungen, im Alltag für die Kinder da zu sein.

Ausflüge, Schwimmbadbesuche und andere Aktivitäten sind auch mit einem landwirtschaftlichen Familienbetrieb vereinbar.

Wichtig ist weiterhin, dass Kinder ihre Eltern auch jenseits von Arbeit und Müdigkeit erleben, dies braucht kein dreiwöchiger Urlaub zu sein.

Wenn es kaum Zeit für gemeinsame Erlebnisse außerhalb des Hofes gibt oder sich ein Elternteil ständig dabei ausklinkt, dann kann bei den Kindern der Eindruck entstehen, dass sie als Person nicht so wichtig sind und nur die Arbeit und der Betrieb zählen. Das kann auch die Freude an der Landwirtschaft verderben.

Eltern / Altenteiler

„*Oma kommt nicht ins Heim*", darin sind sich fast alle Paare einig. 18 % der Teilnehmerinnen der Bäuerinnen-Umfrage betreuen zu Hause pflegebedürftige Angehörige, mehr als jede Dritte fühlt sich dabei überlastet. Auch heute noch wird die Pflege der Altenteiler vorrangig als Aufgabe der Frauen gesehen. Formaljuristisch ist die Versorgung und Pflege in fast allen Hofübergabeverträgen im Rahmen des Leibgedings geregelt. Was vielen Familien nicht bewusst ist: Die Pflegeverpflichtung liegt beim Hofeigentümer und damit zumeist bei den Männern, geleistet wird die Arbeit allerdings meist von den eingeheirateten Frauen. Wenn das Generationenverhältnis stimmt, wenn es Entlastungsmöglichkeiten von außen gibt und wenn das Ehepaar sich gegenseitig unterstützt, dann ist die Versorgung der Altenteiler eine gerne übernommene Aufgabe.

Soziales Netz

Wer gute soziale Beziehungen pflegt, lebt zufriedener und gesünder als Menschen, die isoliert sind. Mit vertrauten Menschen an der Seite werden Probleme als weniger bedrohlich empfunden. An Tagen, an denen man Freunde trifft, steigt das Selbstwertgefühl. *„Ein Freund, ein guter Freund, das ist das Schönste, was es gibt auf der Welt"*, sang Hans Albers gemeinsam mit Heinz Rühmann. Es gibt also genug Gründe, ein stabiles soziales Netz zu pflegen. Die beste Freundin der Ehefrau, der beste Freund des Ehemanns spielen häufig eine wichtige Rolle. Nicht immer ist es leicht, dem Partner diesen Freiraum zu gönnen, insbesondere wenn man freie Paar-Zeit schmerzlich vermisst. Hilfreich ist dann, sich auch einen gemeinsamen Freundeskreis aufzubauen, zum Beispiel mit gleichgesinnten Paaren.

Nachbarschaftshilfe und Solidarität spielen in der Landwirtschaft schon immer eine große Rolle. Wenn Schwarzwaldhöfe abbrannten, dann halfen alle umliegenden Bauern beim Wiederaufbau und in manchen Gegenden lieferten sie sogar das Bauholz ohne Gegenleistung. Leider hat der Druck vom Wachsen oder Weichen viel von der ursprünglichen Gemeinschaftsidee kaputt gemacht, in manchen Dörfern scheint es nur noch Rivalen zu geben. Inzwischen lässt sich wieder eine Trendwende feststellen, denn gemeinsam geht es einfach besser!

Was noch?

Der Propellerflügel mit dem Fragezeichen steht für weitere Bereiche auf Ihrem Hof, die bislang noch nicht aufgezählt wurden. Als Paar leben Sie in einer einzigartigen Hofsituation. Der Hofpropeller ist aus der Erfahrung entstanden, dass Aufgaben und Rollen auf den Höfen häufig nicht ausreichend verabredet werden. Oft ereignen sie sich einfach und eine schleichende Unzufriedenheit macht sich breit. Wichtig ist daher, dass Sie sich als Paar immer wieder austauschen und klare Absprachen treffen.

Entwerfen Sie einmal Ihren Hofpropeller. Gestalten Sie das Modell nach Ihren Vorstellungen und Prioritäten um. Beispielsweise können Sie Flügel ergänzen, weglassen und die Größen der Lebensbereiche verändern.

Unser Hofpropeller

Hier ist Raum für Ihre eigenen Gedanken. Es ist hilfreich, diese schriftlich zu notieren und mit dem Partner und gegebenenfalls weiteren Beteiligten auszutauschen. Wie zufrieden sind Sie mit der Situation in den einzelnen Bereichen? Wo braucht es Veränderungen?

- **Welche Personen stehen im Zentrum des Hoflebens**? Wie treffen wir Entscheidungen? Wann, wo und wie besprechen wir uns? Stimmt unsere Rollenverteilung noch? Wie wird das Einkommen verwendet? Welche Freiräume haben wir als Paar? Wie tanken wir Kraft?
- **Der Betrieb**: Wer ist Eigentümer? Wer arbeitet mit? Wer ist für welche Betriebszweige zuständig? Wie wird die Arbeit organisiert? Welche Mithilfe wird von der Seniorgeneration gewünscht? Was kann und möchte diese noch leisten?
- **Weitere Einkommensbereiche**: Welche Standbeine haben wir? Wie wird das Geld verwendet?
- **Haushalt / Hauswirtschaft**: Wer ist zuständig? Wer hilft mit in welchem Umfang?
- **Kinder / Kernfamilie**: Wer kümmert sich um die Kinder und die Lebensgestaltung der Kernfamilie? Welche Rituale strukturieren unser Familienleben?
- **Eltern / Herkunftsfamilie:** Wer versorgt und pflegt die ältere Generation auf dem Hof? Wer kümmert sich um die nicht auf dem Hof lebenden Großeltern? Wie halten wir es mit gemeinsamen Mahlzeiten und Familienfesten? Wie feiern wir Weihnachten?
- **Soziales Netz**.
- **Kooperationen**: Welche gibt es? Welche sollen entwickelt werden? Wer ist jeweils zuständig?
- **Eigene und gemeinsame Freunde**, **Bekannte**, **Vereine:** Wer ist wo eingebunden? Beste Freunde?
- **Weitere Lebensbereiche?**

Jahreszeiten der Beziehung – Partnerschaftsphasen

Im Laufe des Lebens durchläuft jede Paarbeziehung verschiedene Phasen und jede Lebensperiode hat ihre ganz eigenen Entwicklungsaufgaben. Wenn es gelingt, diese Aufgaben zu lösen, dann bereichert und stabilisiert das sowohl unsere Persönlichkeit als auch unsere Partnerschaft. Jeder Übergang in einen neuen Lebensabschnitt bringt eine kleine oder manchmal auch eine große Krise mit sich. Häufig bemerken wir lange nicht, dass eigentlich schon etwas Neues dran ist und zudem fällt es schwer, von vertrauten Gewohnheiten Abschied zu nehmen.

„Wie jede Blüte welkt und jede Jugend
Dem Alter weicht, blüht jede Lebensstufe
Blüht jede Weisheit auch und jede Tugend
Zu ihrer Zeit und darf nicht ewig dauern.
Es muss das Herz bei jedem Lebensrufe
Bereit zum Abschied sein und Neubeginne …“

Was Hermann Hesse am Anfang seines Gedichts „Stufen“ beschrieb, ist heute aktueller denn je. Die alten Normen und Vorgaben tragen nicht mehr, jedes Paar ist seines Glückes Schmied. Für die Lebensbewältigung brauchen wir Orientierungspunkte, und solche liefert der bekannte Paartherapeut Hans Jellouschek mit seinem Bild von den Jahreszeiten der Liebe.

FRÜHLING – das junge Paar

Wir sind frisch verliebt und haben die berühmt-berüchtigten Schmetterlinge im Bauch. Die Hoffnungen und Sehnsüchte zweier Menschen verschmelzen miteinander. Wir sind in Hochstimmung und sehen die Welt durch eine rosarote Brille. Die Macken des Partners sind vorerst unsichtbar, am liebsten möchten wir ständig mit ihm zusammen sein. Wir entwickeln Ideen für die gemeinsame Zukunft und entscheiden uns zusammenzuleben und vielleicht auch zu heiraten. Wir richten eine gemeinsame Wohnung ein. Wo? Auf dem Hof oder vielleicht doch lieber erstmal außerhalb? Wie wird die Wohnung eingerichtet? Finden wir eine Lösung, die für beide stimmt? Sie klären miteinander, aus welchen Mitteln Sie den gemeinsamen Lebensunterhalt bestreiten wollen. Sie erarbeiten gemeinsame Regeln, die es ermöglichen, die Berufe und das soziale Umfeld beider zu verbinden. Sie verständigen sich, ob und wann Sie Kinder haben wollen. Die Entstehung einer Paarbeziehung ist ein positiv aufregender Prozess und das Wichtigste, was zu diesem Zeitpunkt im Leben der beiden geschieht. Für diese erste Phase der Paarbeziehung gilt ein weiteres Zitat aus Hermann Hesses „Stufen“ ganz besonders:

„Und jedem Anfang wohnt ein Zauber inne,
Der uns beschützt, und der uns hilft, zu leben.“

Wessen Heim ist das eigentlich?

Schauen Sie sich Ihre Wohnung genau an. Wessen Stempel erkennen Sie darin? Ist es das Produkt gemeinsamer Bemühungen oder wessen Handschrift spiegelt sich hauptsächlich darin?

SOMMER – Familienphase

Wenn sich Ihr Kinderwunsch erfüllt, dann sind Sie nun eine eigene kleine Familie. Das bedeutet allerdings auch einen Frontalangriff auf die Paarbeziehung. Plötzlich gibt es da noch jemand Drittes, der die volle Aufmerksamkeit beansprucht. Viele Frauen müssen sich umstellen vom Vollzeitjob zur Vollzeitmutter, und auch die Väter sind gefordert, ihren Teil zum Familienleben beizutragen. Allgemein verbindliche Muster (Mann draußen, Frau am Herd) greifen nicht mehr. Sie müssen untereinander verhandeln, wer beruflich zurücksteckt und tragfähige Kompromisse finden.

Die Zeit mit kleinen Kindern ist sehr bereichernd, gehört aber auch zu den härtesten im Leben, weil sie eine ungeheure Herausforderung an unsere Toleranz, Liebes- und Leidensfähigkeit darstellt. Mit der Geburt des ersten Kindes wird aus einer intimen Zweierbeziehung plötzlich eine schwankende Dreierbeziehung. Viele Väter fühlen sich wegen der Nähe zwischen Mutter und Säugling plötzlich als zweite Geige im Familienkonzert und neigen dazu, sich noch stärker in die Arbeit im Betrieb zu stürzen.

Viele Herausforderungen und Konflikte sind zu meistern, ehe sich ein zunehmend funktionsfähiges Elternbündnis einstellt. Die Zeiten, in denen man sich als Paar und nicht in der Elternrolle erlebt, sind wenig und kostbar. Solche Freiräume ergeben sich nicht von selbst, doch es lohnt sich, auch in den turbulentesten Zeiten an kleinen Auszeiten zu zweit festzuhalten. Das braucht viel Erfindergeist, denn der Sommer als Partnerschaftsphase fällt meist zusammen mit der Turbolader-Phase im Betrieb. Mit jedem Entwicklungsschritt der Kinder verändern sich Ihre Aufgaben als Eltern, Jugendliche brauchen einen anderen Umgang und eine andere Form von Unterstützung als Kleinkinder. Langsam aber sicher entlassen Sie die Heranwachsenden in die Selbstständigkeit und in die Welt.

HERBST – zweite Lebenshälfte

Die Kinder gehen aus dem Haus oder schaffen sich eigenen Lebensraum auf dem Hof. Diese Phase der Partnerschaft bietet die große Chance, die Zweisamkeit wieder neu zu beleben. Ein Beispiel: Sie sind seit 25 Jahren verheiratet, haben drei Kinder großgezogen und bewirtschaften einen mittleren landwirtschaftlichen Familienbetrieb. Die Arbeitsbelastung war über Jahre enorm, als Arbeitspaar haben sie gut funktioniert und den Betrieb weit entwickelt. Ein Liebespaar sind sie schon lange nicht mehr, Sie leben inzwischen nebeneinander her und reden nur noch das Notwendigste. Irgendwann stellt sich die Frage: „*Soll das alles gewesen sein?*“ Die Partnerschaft gerät in eine Krise, sie machen sich nur noch Vorwürfe, frühere Verletzungen kommen hoch. Die Arbeitsabläufe im Betrieb geraten ebenfalls aus den Fugen. *„Macht es noch Sinn zusammenzubleiben?"*

Solche Konstellationen sind typisch für die Herbstphase. Wenn beide Seiten die Notwendigkeit für Veränderung erkennen, dann sind die Konflikte auch lösbar. Wenn angeblich nur eine oder einer ein Problem hat, dann wird es schwierig. *„Ich weiß gar nicht, was du hast, es läuft doch alles"*, hört man manchmal. Schon oft habe ich erlebt, dass einer erst auf gepackten Koffern sitzen muss, ehe der Partner den Ernst der Lage erkennt.

In der sogenannten Lebensmitte ab etwa 45 Jahren sind wir nicht mehr ganz jung, aber auch noch nicht alt. Es wird uns zunehmend bewusst, dass das Leben endlich ist. Neue Fragen tun sich auf: Was habe ich bisher erreicht? Was möchte ich noch vom Leben? Es kann passieren, dass einer der Partner aus der Beziehung ausbricht und nach einer anderen Beziehung oder sexuellen Abenteuern Ausschau hält. Solche Brüche können eine Chance für einen Neuanfang in der bestehenden Beziehung sein. Fast immer findet sich noch ein wenig Glut unter der Asche und es wird möglich, das Feuer der ersten Verliebtheit wieder zu schüren! Wenn Sie es schaffen, die Paarbeziehung wieder neu zu beleben, dann ist das auch das Beste, was sie für die junge Generation auf dem Hof tun können. Gemeinsam ist es nämlich leichter, sich nach und nach mit dem Gedanken anzufreunden, die Verantwortung für den Hof Schritt für Schritt und zu gegebener Zeit in jüngere Hände zu übergeben.

WINTER – Neugestaltung und Abschied im Alter

Auch sehr solide langjährige Beziehungen erfahren in dieser Phase meist eine letzte große Härteprüfung. Das Alter ist die Lebensphase des Abschieds. Die Kräfte lassen nach und wir müssen uns mit dem Gedanken an das eigene Ende versöhnen. Es ist ein Vorrecht des Alters, sich zurückziehen zu dürfen, und gleichzeitig ist es eine große Zumutung. Doch so lange sich das Alte nicht zurückzieht, kann das Junge nicht wachsen.

Auch in dieser Lebensphase müssen beide Partner den eigenen und gemeinsamen Alltag erneut ordnen und neu erfinden. Es ist ein Segen für einen Hof, wenn Sie als Altenteiler eine zufriedene Partnerschaft führen und auch eigene Wege gehen. Wenn Sie gut für sich selbst und für Ihre Partnerschaft sorgen, dann entlastet das die Generationenbeziehungen erheblich! Vielleicht können Sie lang verschüttete Wünsche wieder ausgraben. Wovon haben Sie früher geträumt? Wofür hat die Zeit nie gereicht? Langjährige Partnerschaften können eine ungeheure menschliche Tiefe erreichen. Gemeinsam sind Sie durch die Höhen und Täler des Lebens gegangen. Sie haben sich entschieden, einander verbunden zu bleiben. Ihre Kinder wünschen Ihnen noch viele glückliche Jahre miteinander!

Im Frühling, Sommer, Herbst und Winter – bewusste Übergänge und ein mutiges Annehmen der Herausforderungen sind die besten Voraussetzungen für eine gelingende Partnerschaft, und um mit Hermann Hesse zu schließen:

„Es wird vielleicht auch noch die Todesstunde
Uns neuen Räumen jung entgegensenden.
Des Lebens Ruf an uns wird niemals enden ...
Wohlan denn Herz, nimm Abschied und gesunde!"

Wenn es gemeinsam nicht mehr geht

„Es war richtig, dass ich Mann und Hof verlassen habe. Ich wäre dort untergegangen, ohne Selbstwertgefühl und gesundheitlich am Ende." So schildert eine 40-jährige Bäuerin aus Schleswig-Holstein das Scheitern ihrer 15-jährigen Ehe. Seitdem wohnt sie allein in einer kleinen Stadt. Sie hat sich die Entscheidung nicht leicht gemacht, ganze acht Jahre hatte sie den Entschluss vor sich hergetragen. Nach den offiziellen Statistiken werden derzeit fast 40 % aller Ehen geschieden, ob nach einem Jahr oder 40-jähriger Ehe, mit kleinen Kindern oder kinderlos, auf dem Hof mitarbeitend oder in anderen Berufen tätig: Beim Thema Scheidung gibt es keine besonderen Risikogruppen. Vor zwanzig Jahren spielten Trennung und Scheidung in der landwirtschaftlichen Familienberatung noch kaum eine Rolle. Ich glaube aber nicht, dass die Ehen früher glücklicher waren. Manche Bäuerin hat die Zähne zusammengebissen und ausgeharrt bis zum bitteren Ende, weil man es so von ihr erwartete – auf dem Hof und auch im Dorf, weil sie mit einer Scheidung alles verloren hätte – die Heimat, die Existenz und oft auch die Kinder. Heute haben Frauen eigene Berufe und können damit wirtschaftlich auf eigenen Beinen stehen, auch das Umfeld akzeptiert heute eine Trennung viel leichter.

Eine Scheidung wird dennoch als schwerer Bruch im Leben erfahren. Niemand macht sich eine solche Entscheidung leicht. Auch bäuerliche Ehen scheitern, da bemerkt zum Beispiel ein junges Paar erst im Alltag, dass ihre Erwartungen und Lebenseinstellungen völlig voneinander abweichen. Daneben gibt es die typischen, mit einem Generationenkonflikt verbundenen Beziehungskrisen. Manchmal erleben die Eingeheirateten, dass ihre Vorstellungen auf dem Hof wenig Gewicht haben. Sollten alle Bemühungen um eine gemeinsame Basis nicht fruchten, dann ist eine Trennung unvermeidbar. Immer ist sie auf beiden Seiten mit großen Schmerzen verbunden und von Gefühlen wie Hass, Wut, Enttäuschung oder Rache begleitet. Sobald die schwierige Zeit der Auseinandersetzungen vorbei und eine Entscheidung getroffen ist, kann Erleichterung folgen: *„Es ist, als ob dir eine Zentnerlast abgenommen wird."*

Kinder leiden sehr unter Spannungen zwischen den Eltern. Man weiß heute, dass Kinder glücklicher sind, wenn ihre Eltern glücklich sind, selbst wenn dies eine Trennung beinhaltet. Wenn ein Paar sich trennt, dann bleiben die beiden doch für immer Eltern. Und es ist möglich, trotz vergangener Verletzungen gemeinsam gute Eltern zu bleiben. Eine 34-jährige Bäuerin berichtet: „*Wir haben uns direkt nach dem Gerichtstermin das erste Mal vernünftig über die zukünftige Erziehung unserer Kinder unterhalten können.*" Eltern können sehr viel dafür tun, ihren Kindern die Trennung oder Scheidung zu erleichtern: Sagen Sie Ihren Kindern möglichst gemeinsam, wenn Sie sich trennen wollen. Stellen Sie unmissverständlich klar, dass dies Ihre Entscheidung ist und dass die Kinder keine Schuld daran haben. Zwingen Sie Ihre Kinder nie, gegen den anderen Elternteil Stellung zu beziehen, Sie schaden sonst den Seelen der Kinder.

Was passiert eigentlich im Falle einer Ehescheidung mit dem Hof? Holen Sie frühzeitig Informationen zu den rechtlichen Folgen einer Trennung und Scheidung ein, am besten schon vor der Heirat. Dann können Sie noch in guten Zeiten gemeinsam eine Lösung finden, wie Sie sowohl den Hof als auch die einheiratende Person bestmöglich absichern.

Eherecht und Landwirtschaft

- **Aid-Heft „Ehe- und Erbrecht in der Landwirtschaft"**
  Das Heft vermittelt das notwendige Grundwissen über die gesetzlichen Regelungen im Todes- oder Trennungsfall und die privatrechtlichen Gestaltungsmöglichkeiten. Auch die Fragen der Mithaftung, der sozialen Absicherung oder der Besonderheiten für Lebensgemeinschaften ohne Trauschein werden aufgegriffen. Erscheinungsjahr 2017, zu beziehen unter https://shop.aid.de/1202/Ehe-und-Erbrecht-in-der-Landwirtschaft
- **Lebensministerium Österreich: Neue Wege gehen.** Beziehungen am Wendepunkt.
  Download unter www.zammredn.at/downloads/Neue_Wege_gehen.pdf
- **Lebensministerium Österreich: Frau in der Landwirtschaft, rechtliche Aspekte**
  Download unter www.zammredn.at/Frau_in_der_Landwirtschaft.pdf

Damit die Liebe bleibt

Was macht eine stabile Ehe aus? Viel zu selten machen wir uns Gedanken darüber.

Eigenständigkeit beider Partner

„Die Liebe ist ein Kind der Freiheit" – dieses altfranzösische Sprichwort wird mir immer wichtiger, auch wenn ich manchmal meine Probleme damit habe: *„Man muss doch ... zusammenbleiben, seine Pflichten erfüllen. Wo kämen wir da hin, wenn jeder täte, was er möchte?"* Andererseits ist Eigenständigkeit wichtig, weil es bedeutet, auf eigenen Füßen in der Welt stehen zu können, und doch brauche ich meinen Partner und meine Familie. Persönliche Freiheit ist nicht Unverbindlichkeit oder Beliebigkeit.

Liebe kann nur wachsen und gedeihen, wo Partner sich gegenseitig in ihrer Andersartigkeit respektieren. Gefühle lassen sich nicht erzwingen, eine Ehe ist kein wechselseitiger Besitz. Wenn ich von meinem Partner die Befriedigung all meiner Sehnsüchte erwarte, dann überfordere ich ihn. Liebe heißt, auch für sich selbst da zu sein. *„Liebe deinen Nächsten wie dich selbst."* Sich ganz für andere aufzugeben, wirkt zerstörerisch auf Beziehungen. Die Künstlerin Eva Lexa Lexova meint sogar: *„Da, wo die Freiheit zu Ende ist, ist kein Platz für die Liebe."*

Wo kämen wir hin?

Kurt Marti, ein Schweizer Pfarrer sagt: *„Wo kämen wir hin, wenn alle sagten, wo kämen wir hin – und keiner ginge, um zu sehen, wohin wir kämen, wenn wir gingen."* Gehen wir doch einfach los, um zu sehen, wohin wir kommen, wenn wir Liebe und Freiheit verbinden. Der andere bleibt dann ein Stück Geheimnis. Wir bleiben uns immer ein wenig fremd und neugierig aufeinander, nicht zuletzt ist dies von Vorteil für eine lebendige Sexualität – gerade in Dauerbeziehungen!

Ändern können wir nur uns selbst

Wenn die Liebe ein Kind der Freiheit ist, dann müssen wir darauf verzichten, den anderen ändern zu wollen. Nach Thea Bauriedl, Begründerin der Beziehungsanalyse, ist das ein wesentlicher Heilfaktor für Beziehungen. Den anderen verändern zu wollen, ist zwar bekanntlich ein müßiges Unterfangen, aber doch häufig unser Lieblingsprojekt. Je mehr wir versuchen, den anderen zu erziehen, desto sturer wird er. Menschen reagieren auf Angriffe nun mal mit Verteidigung. Verändern kann ich meine eigenen Einstellungen und Verhaltensweisen, das führt dann seltsamerweise zu Veränderungen auch um mich herum.

Partner gehen sich oft auf die Nerven, weil sie einander Vorschläge machen, wie das Leben besser zu organisieren sei. Darf ich mir anmaßen, dass meine Art die allein Seligmachende sei? Menschen können sich verändern, wenn sie fühlen, dass sie grundsätzlich so geliebt werden, wie sie sind. Den Partner grundsätzlich zu akzeptieren, bedeutet keinesfalls, alles hinzunehmen. Verstehen bedeutet nicht gleichzeitig, einverstanden zu sein. Konflikte gehören zum Leben, und wenn etwas dauerhaft die Beziehung stört, dann liegt es in meiner Verantwortung, das offen und auf angemessene Art anzusprechen.

Englische Eheforschungen zeigen, dass fast aller Ehekrach auf wechselseitigen Missverständnissen beruht – auf der Unfähigkeit anzuerkennen, dass der andere sein ganz eigenes Verständnis von der Welt hat.

Missverständnisse sind die Regel

Wir meinen zu wissen, was der andere fühlt, denkt, will, wünscht und tut. Wenn Sie mögen, dann können Sie nun einen kleinen Partnerschaftstest machen. Es gibt keine richtigen oder falschen Antworten. Interessant ist lediglich, in welchen Punkten Sie mit Ihrem Partner übereinstimmen, und wo Sie doch auch ganz unterschiedlich sind.

Partnerschaftstest

1. Zärtlichkeit

Umarmen, streicheln, küssen – einfach so, nicht nur in Verbindung mit Sex.
Wie stehen Sie dazu?

- Ich mag gelegentliche Zärtlichkeiten.
- Mir sind Zärtlichkeiten eher unangenehm oder unwichtig.
- Ich brauche viel Zärtlichkeit.

2. Miteinander reden

Täglich ausführlich miteinander zu reden, ist für mich ...

- ein absolutes Bedürfnis.
- mal mehr, mal weniger wichtig.
- insgesamt weniger wichtig.

Worüber reden Sie von sich aus am häufigsten?

- Über meine Gedanken und Erlebnisse.
- Über eher sachliche Themen wie Landwirtschaft, Betrieb / Beruf, Politik.
- Über Dinge, die im Alltag anliegen: Wer kauft ein, wer bringt die Kinder zum Zahnarzt ...

3. Gefühle zeigen

- Mir fällt es schwer, Gefühle wie Liebe oder Freude zu zeigen.
- Ich habe keine Probleme, meine Gefühle zu zeigen.

4. Schwächen

- Ich gebe ungern Schwächen oder Fehler zu.
- Es macht mir nicht besonders viel aus, Schwächen oder Fehler einzugestehen.

5. Einstellung

- Ich bin meist optimistisch.
- Mir liegt eher eine pessimistische Einstellung nahe.

Brücken bauen

Schon lange vor der Krise unterscheiden sich glückliche und scheidungsgefährdete Paare in der Art, wie sie miteinander kommunizieren. Dies hat der weltweit führende amerikanische Paarforscher John Gottman in seinem Liebeslabor herausgefunden, indem er über Jahre Paare beim Streitgespräch beobachtete. Die Forschungen ergaben, dass in guten Partnerschaften gegenseitige Verletzungen weitgehend vermieden werden und sich dadurch eine positive Grundstimmung breitmacht, bildlich gesprochen bauen zufriedene Paare auch im Streit immer an einer gemeinsamen Brücke. Scheidungsgefährdete Paare dagegen schaufeln immer tiefer werdende Gräben durch negative Verhaltensweisen. Gottman definiert vier Beziehungskiller, anhand derer er eine Scheidung mit 90 % Wahrscheinlichkeit voraussagen kann:

1. **Scharfe Kritik**
Gemeint sind Vorwürfe, Schuldzuweisungen und Anklagen, zum Beispiel: *„Immer lässt du alle Sachen von dir rumliegen. Glaubst du, ich bin deine Putzfrau?“*

2. **Verteidigung und Gegenangriff**
Und was meinen Sie, wie das Gegenüber darauf reagiert? Höchstwahrscheinlich mit Verteidigung und Gegenangriffen. *„Ich kann meine Sachen liegen lassen, wo ich will, schließlich ist das mein Haus, und zudem habe ich den ganzen Tag für euch geschuftet. Du gibst dir ja auch nie Mühe, mir etwas zuliebe zu tun.“*

3. **Verachtung**
Hierzu zählen abwertende Äußerungen wie *„Ach, DUUU schuftest und ich sitze hier den ganzen Tag bloß faul rum!“* Das Ganze im entsprechenden Ton und gerne von weiteren nonverbalen Signalen wie Augenrollen, Auslachen und so weiter begleitet.

4. **Rückzug aus der Kommunikation und Gesprächsverweigerung**
Das heißt sich abwenden, nicht reagieren, aufstehen und den Raum verlassen. Männer reagieren häufig so auf die Attacken ihrer Frauen. Wenn wir von den eigenen Gefühlen überflutet werden, dann machen wir die Schotten dicht.

Nun sind wir alle nicht vor solchen schädlichen Kommunikationsmustern gefeit. Die gute Nachricht ist: Sie können unserer Beziehung nichts anhaben, solange die positiven Botschaften deutlich überwiegen. **5:1 lautet die Liebesformel**. Das Beziehungskonto stimmt, wenn auf fünf erfreuliche Erfahrungen mit dem Partner nur eine unerfreuliche kommt.

Die VW-Regel – nicht nur für Mitarbeiter des Automobilkonzerns

Hinter jedem **V**orwurf steckt ein **W**unsch. Wenn Ihr Partner Kritik an Ihnen äußert, dann denken Sie immer daran, dass sich dahinter eine Sehnsucht verbirgt. Noch besser, Sie schaffen es, künftig Schluss mit Vorwürfen zu machen. Sie werden staunen. Die Empfehlung lautet also:
Formulieren Sie jeden auf der Zunge liegenden Vorwurf in einen Wunsch um!
Nach Manfred Prior

Mich komplett zeigen

Gefühle gehören zum Menschsein, sie begleiten uns unausweichlich von der Geburt bis zum Tod, auch unangenehme Gefühle wie Angst gehören dazu. Die Angst vor dem Versagen ist allgegenwärtig in unserer Leistungsgesellschaft, und der Existenzdruck auf den Höfen ist hoch. Wir fordern von uns, perfekt zu funktionieren und das Maximale zu erbringen, auch die Angst vor Zurückweisung und Ablehnung ist tief in uns verwurzelt.

Wer zu seinen Ängsten stehen und aktiv mit ihnen umgehen kann, der wird sie in eine positive Lebenskraft verändern. Gottmans Forschungen zeigen, dass Männer genauso viele und genauso starke Gefühle haben wie Frauen, aber sie gehen anders damit um. Die eigenen Gefühle sind ihnen meist schon nicht geheuer, und noch mehr fürchten sie sich vor den Emotionen ihrer Partnerin. Wenn eine Frau weint oder wütend ist, können viele Männer das kaum aushalten. Sie neigen dazu, das Problem kleinzureden, davon abzulenken oder reagieren mit Ratschlägen und Rückzug, leider ohne Erfolg.

Gefühle aussprechen zu können, ist für Menschen sehr entlastend. Wir brauchen ein Gegenüber, das uns zuhört und Gefühle aushalten kann.

Rollentausch

Einen Haushalt mit kleinen Kindern zu führen, ist extrem anstrengend, im Betrieb seinen Mann oder seine Frau zu stehen, stellt ebenfalls eine große Herausforderung dar. Falls es Ihnen schwerfällt, Ihren Partner zu verstehen, dann empfehle ich Ihnen folgendes Experiment: Tauschen Sie für einen Moment die Rollen, das lässt die Achtung voreinander enorm ansteigen. Beginnen Sie mit kleinen Dingen, vielleicht mögen Sie auch einmal einen ganzen Tag aus dem Hofalltag aussteigen und dem Partner die eigenen Aufgaben anvertrauen. Sie werden beide ganz neue Erfahrungen machen.

Platzwechsel

Gewohnheiten schaffen Sicherheit. Zu den Gewohnheiten gehört bei fast allen Menschen, dass sie einen bestimmten Platz einnehmen, zum Beispiel am **Mittagstisch**. Vereinbaren Sie für eine gewisse Zeit einen Plätze-Tausch und achten Sie auf Ihre Wahrnehmungen:

- Was verändert sich für mich durch den Platzwechsel?
- Wie geht es mir am Platz meines Partners / meiner Partnerin?
- Wie reagieren die Kinder / die anderen Anwesenden?

„Deine Familie – meine Familie!“

Jeder Partner bringt aus seiner Familie Traditionen mit, die man nicht einfach beiseiteschieben kann. An einem Bild erklärt: Sie trägt einen roten Hut, er einen blauen. Für eine funktionierende Partnerschaft braucht das Paar jedoch einen eigenen Hut, vielleicht einen mit roten und blauen Blumen. Dann entsteht nicht dieser Kampf: *„Deine Familie – meine Familie!“* Der gemeinsame Partnerschaftshut soll sich dabei durchaus auf das Beste aus beiden Herkunftsfamilien gründen!

Partnerschafts-Hut: Das Beste aus beiden Familien zusammenbringen

Machen Sie und Ihr Partner je eine Liste aller Rituale, die Sie von zu Hause kennen. Denken Sie nicht nur an die großen Feste. Viele Familien haben kleine Gewohnheiten kultiviert, welche die Bindung und Zugehörigkeit stärken. Schreiben Sie auch auf, welche Erinnerungen und Gefühle Sie damit verbinden.
Vergleichen Sie Ihre Listen. Überlegen Sie, was Ihnen an der eigenen und der Liste des Partners besonders gefällt. Entscheiden Sie gemeinsam, was Sie für Ihre Beziehung beibehalten oder übernehmen möchten.

Stress gemeinsam bewältigen

Bauernpaare können auf eine lange Tradition erfolgreichen gemeinsamen Wirtschaftens zurückgreifen. Diese Fähigkeit ist heute wichtiger denn je, denn die Belastungen sind hoch. Stresssituationen gemeinsam zu meistern, dabei an einem Strang zu ziehen, schweißt Paare zusammen. *„Miteinander sind wir unschlagbar.“* Im gemeinsamen praktischen Problemlösen sind landwirtschaftliche Paare tatsächlich unschlagbar. Voller Bewunderung beobachte ich, was Paare auf den Höfen leisten. Ein gutes Arbeitsteam zu sein, ist freilich nicht alles. Wenn der Kontakt zwischen den Partnern sich darauf beschränkt, dann besteht die Gefahr,

„emotional auszutrocknen“, wie der Paartherapeut Hans Jellouschek sagt. Doch umgekehrt gilt genauso: Wenn man nicht gut kooperiert bei der Arbeit, dann zerstört das auf Dauer auch die innigsten Gefühle. Gemeinsames Anpacken und gegenseitige emotionale Unterstützung gehören zusammen, wobei arbeiten meist leichter ist als lieben.

Stress ist ein gravierender Feind von Paarbeziehungen. Viele Paare können wunderbar miteinander kommunizieren, aber unter Stress brechen diese Kompetenzen zusammen. Je besser beide Partner für sich mit Stress klarkommen und je besser sie gemeinsam mit Belastungen umgehen und Konflikte austragen können, desto stabiler ist die Beziehung. Auf der Arbeitsebene stehen sich die Ehepartner in der Landwirtschaft beispielhaft gegenseitig bei. Zur gemeinsamen Stressbewältigung gehört es aber auch, der Gefühlsebene Raum zu geben: Interesse daran zu zeigen, wie der Partner den Stress erlebt, sich gegenseitig Mut zu machen und Trost zu spenden.

Zur gemeinsamen Stressbewältigung gehört auch, den Partner in seinem Bedürfnis nach persönlichem Freiraum, nach Ruhe und Erholung zu akzeptieren.

Die Paarbeziehung braucht Pflege, damit sie den Belastungen des Alltags standhalten kann. Die Liebe ist wie eine Pflanze, die täglich gegossen werden muss, oder auch wie ein Traktor, der regelmäßig Wartung benötigt.

Raum schaffen für Beziehung

„Zeit zu zweit, das muss schon sein! Mindestens einmal im Monat ins Kino und ein Wochenende im Jahr nur für uns beide – so erhalten wir unsere Liebe im Alltag“, berichtet ein 32-jähriger Landwirtschaftsmeister mit drei kleinen Kindern aus Baden-Württemberg. Gute innere und äußere Liebesbedingungen müssen wir uns erst schaffen, dabei sind feste Rituale wie zum Beispiel das gemeinsame Frühstück oder der Sonntagsspaziergang über die Felder sehr hilfreich, und es sind nicht unbedingt die großen Gesten, die einen Unterschied machen, sondern es sind die vielen kleinen Dinge: Die unverhofft bereitgestellte Tasse Kaffee, ein zärtlicher Blick, das kleine Kompliment zwischendurch. Paare sind dreimal glücklicher, wenn sie sich im Alltag gegenseitig mit kleinen Aufmerksamkeiten und Hilfestellungen bedenken. Partnerschaftspflege braucht Zeit, die immer knapp ist auf den Höfen, aber bestimmt kann es uns gelingen, die zur Verfügung stehende gemeinsame Zeit bewusster zu nutzen: Momente des Alltags miteinander zu genießen, Spaß zu haben und an die wunderbare Zeit des ersten Kennenlernens anzuknüpfen. Kleine Auszeiten sind wie ein Frischekick für die Liebe.

Unterstützung holen

Leider suchen viele Paare erst dann den Kontakt zur Eheberatung, wenn ihr Verhältnis bereits zerrüttet ist. Wir möchten Sie daher ermuntern, frühzeitig Unterstützung zu suchen.

Wenn Sie sich Rat holen, ist das kein persönliches Versagen. Im Gegenteil, es ist ein Zeichen dafür, dass Sie sich und Ihre Partnerschaft ernst nehmen.

Professionelle Hilfe bei Partnerschaftsfragen bekommen Sie bei den Landwirtschaftlichen Familienberatungen oder bei einer der zahlreichen Eheberatungsstellen in Ihrer Nähe.

Vielleicht fühlen Sie sich nicht wohl dabei, mit Dritten über Beziehungsfragen zu sprechen, aber es lohnt sich. Oft gibt es ganz einfache Missverständnisse, die Ihnen gegenseitig das Leben schwermachen. Die Beraterinnen und Berater werden Ihnen dabei helfen, solche Missverständnisse aufzuklären. In der Beratung geht es weder um Schuldzuweisungen noch um simple Ratschläge. Sie werden dabei unterstützt, wieder konstruktiv miteinander zu reden und gemeinsame Lösungen zu finden. Sie werden erleben, dass manches zwischen Ihnen in Bewegung kommt.

Die Kunst des gemeinsamen Wachstums

Als Paar gehen wir einen gemeinsamen Lebensweg und das ist ein fortwährender Lernprozess. Äußere und innere Krisen zeigen uns an, wenn neue Entwicklungsschritte anstehen. Wir wachsen und reifen jeder als Person und beeinflussen uns dabei gegenseitig. Wachstumsprozesse sind wenig vorhersagbar, sie brauchen Achtsamkeit, Geduld und Zeit. Der Halm wächst nicht schneller, wenn man daran zieht, wie eine afrikanische Weisheit besagt. Deshalb lässt sich die Liebe auch nicht wie eine Firma managen, sie braucht vielmehr Freiheit und Freiräume. Solche Freiräume zu schaffen ist nicht einfach und doch so wichtig. Denn wie wir unsere Partnerschaften gestalten, das beeinflusst nicht nur unsere eigene Zufriedenheit, sondern auch die Entwicklung der Kinder und das Schicksal des ganzen Hofes.

Alter Bauernspruch zur Ehe

Gut gefrühstückt spürt man den ganzen Tag,
gut geschlachtet das ganze Jahr,
gut geheiratet das ganze Leben

Generationenfragen in der Landwirtschaft

In Deutschland leben in jeder fünften Bauernfamilie drei Generationen unter einem Dach. Außerhalb der Landwirtschaft gilt das nur noch für jede 36. Familie.

Der Generationenkonflikt, ein Dauerbrenner

Sie scheinen jetzt das Wohlleben zu lieben,
haben schlechte Manieren und verachten die Autorität,
sind Erwachsenen gegenüber respektlos
und verbringen ihre Zeit damit herumzuhängen und miteinander zu quatschen.
Sie widersprechen ihren Eltern,
nehmen Gespräch und Gesellschaft für sich allein in Anspruch,
essen gierig und tyrannisieren ihre Lehrer.
Sokrates, griechischer Philosoph vor 2400 Jahren!

Zahlreiche Reibungspunkte

Um es vorwegzunehmen: Generationenkonflikte kennen alle Kulturen und alle Zeiten, sie gehören zum Leben, sonst gäbe es keine Entwicklung. Und doch ist unsere Sehnsucht nach einer heilen Familie ernst zu nehmen. Sie ist ein Sinnbild für Harmonie, Geborgenheit und Sicherheit. Der Gedanke, aus der Familie ausgestoßen zu werden, kann zutiefst beängstigend sein. Schon die Schöpfungsgeschichte sagt: *„Es ist nicht gut, dass der Mensch allein sei.“*

In landwirtschaftlichen Familien gibt es mehr Reibungspunkte, weil die Generationen eng zusammenarbeiten, voneinander abhängig sind und meist nahe beieinander wohnen.

Seit alters her ist der Generationenverbund auf den Höfen von existenzieller Bedeutung, und immer schon gab es Schwierigkeiten, wenn eine neue Person durch Einheirat oder Geburt zum alten Familiensystem hinzutrat. Immer schon waren Eltern nicht begeistert, wenn ihre Kinder ganz andere Lebenseinstellungen verfolgten als sie selbst. Immer schon stellte sich auf den Höfen die Frage, wie die materiellen und immateriellen Güter zwischen den Generationen, den Geschlechtern und den Geschwistern gerecht zu verteilen sind.

Generationenkonflikte müssen stets neu gelöst werden, sie spiegeln dabei auf familiärer Ebene unseren gesellschaftlichen Wertewandel wider. Die Auseinandersetzung zwischen Generationen ist häufig von Vorurteilen gegenüber der anderen Generation geprägt.

Umgang mit Veränderungen

„Wenn wir bewahren wollen, was wir haben, werden wir vieles verändern müssen!"
Johann Wolfgang von Goethe

Wie die Jahreszeiten sich wandeln und immer wieder neues Leben entsteht, so müssen wir mit ständigen Veränderungen zurechtkommen. Entwicklung ist unaufhaltsam: *„Denn das Leben geht nicht rückwärts und verweilt nicht beim Gestern"*, wie der Dichter Khalil Gibran sagt. Wenn wir Entwicklung nicht in die Hand nehmen, dann treiben uns die Umstände ganz schnell irgendwo hin, wo wir gar nicht hinwollten. Wandel, der als Zwang erlebt wird, schwächt und macht im schlimmsten Fall handlungsunfähig. Wandel, den wir gestalten, stärkt uns Menschen.

Allerdings hat der gesellschaftliche Wandel einen derart rasanten Verlauf angenommen, dass es oft schwerfällt mitzukommen. Nicht nur in der badischen Rheinebene sind die Landwirtsfamilien der 1960er-Jahre noch voller Enthusiasmus ausgesiedelt – auf Höfe mit einer Fläche von 15 Hektar, einem Stall für 10 Kühe und 5 Muttersauen und einem Kredit, der auf 30 Jahre ausgelegt war. Der Bauernhof der Zukunft war das damals – leider nicht für lange. Um das Einkommen für die Familien zu sichern, mussten die Betriebe mit den bekannten Folgen rasant wachsen: Arbeit bis zum Umfallen und Kapitaleinsatz in vorher nicht gekannter Höhe. Auch das Selbstverständnis und die Rollen von Frauen und von Männern haben sich gravierend verändert. *„Früher mussten die Frauen den Männern folgen"*, meinte ein Fachschüler auf meine Frage nach der größten Veränderung auf ihren Höfen.

Die Fähigkeit, Wandel zu akzeptieren und zu gestalten, ist unterschiedlich und nimmt im Laufe des Lebens ab.

Wer etwas zu gewinnen hat – und das sind tendenziell eher die Jungen – ist ein Freund des Wandels. Wer etwas zu verlieren hat, Vertrautes hinter sich lassen muss, der tut sich mit Veränderungen schwerer. Die ältere Generation erlebt den Wandel häufig als Werteverlust. Bekanntes gibt Sicherheit und Neues macht Angst, das sind ganz natürliche Gesetzmäßigkeiten. Wenn aber die ältere Generation so stark am Überkommenen festhält, dass Wandel blockiert wird, dann wird es für die Jüngeren schwer, auf dem bestehenden Fundament weiterzubauen. Lebensqualität im Generationenverbund entsteht dann, wenn die beiden Pole „Bewahren" und „Erneuern" miteinander verknüpft sind und dadurch immer wieder neu ausbalanciert werden können.

Was man in der Jugend gutheißt …

… muss man auch im Alter beherzigen – sonst produziert man ein weiteres Generationenproblem! In einer festgefahrenen Situation ist es oft hilfreich, sich zurückzuerinnern an seine eigene Sturm- und Drangphase.
Tradition heißt nicht, die Asche zu bewahren, sondern die Glut weiterzugeben.
(Konfuzius)

Beziehungskonten und Gerechtigkeitsfragen

Gerechtigkeitsfragen spielen in Familienbeziehungen eine gewichtige Rolle. Geschwister beobachten einander sehr genau, wer wie viel Aufmerksamkeit und Anerkennung von den Eltern erhält, dabei fühlen sich fast alle Kinder im Vergleich zu ihren Geschwistern benachteiligt. *„Warum darf die das und ich nicht?“* Menschen reagieren mit heftiger Empörung, wenn ihr Gefühl für Fairness verletzt ist, sie erleben sich dann als anspruchsberechtigt und suchen nach Ausgleich. Was verschiedene Personen als gerecht oder ungerecht empfinden, das unterscheidet sich erheblich. Unter welchen Bedingungen erleben Menschen Gerechtigkeit? Die Psychologie beschreibt verschiedene Möglichkeiten:

- **Gleichheitsprinzip**: Jeder bekommt das Gleiche, dabei sind in einer Familie alle Mitglieder verschieden und haben unterschiedliche Bedürfnisse.
- **Bedürfnisprinzip**: Jeder bekommt das, was er braucht, zum Beispiel an Zärtlichkeit, Nähe, materiellen Dingen.
- **Beitragsprinzip**: Jedes Mitglied der Familie soll erhält, was es verdient hat. Wer viel beiträgt, zum Beispiel an Arbeit, erhält mehr als jemand, der wenig beiträgt.

Menschen führen innerlich Buch über das, was sie von anderen – und insbesondere von nahen anderen Menschen – an Gutem und Schlechtem bekommen und was sie diesen gegeben haben. Stimmt das innere Konto, dann ist man im Reinen. Wenn der emotionale oder finanzielle Kontostand nicht ausgeglichen ist, dann fühlt man sich benachteiligt, ausgebeutet und strebt nach Wiedergutmachung, und spätestens bei der Hofübergabe oder im Erbfall wird das zu heftigen Familienkonflikten führen. Was die Angelegenheit noch komplizierter macht: Ungerechtigkeiten werden als unerledigte Rechnungen in die nächste Generation weitergegeben, wie das Beispiel eines Landwirts zeigt, der seinen Hof an die Tochter übergeben hatte. Der Senior schätzte seinen Schwiegersohn nicht und setzt alle Hoffnung auf den heranwachsenden Enkel. Die Kränkung des Betriebsleiters wirkte über den Tod des Schwiegervaters hinaus. Vater-Sohn-Konflikte führten schließlich dazu, dass der Betrieb aufgegeben wurde.

Der Hofübergabeprozess

Alles hat seine Zeit

Alles hat seine Stunde. Für jedes Geschehen unter dem Himmel gibt es eine bestimmte Zeit.
Altes Testament, Kohelet 3,1–8

Wann steht bei Ihnen die Hofübergabe an? Spätestens mit Mitte fünfzig ist es an der Zeit, sich erste Gedanken zu machen, denn zu diesem Zeitpunkt ist meist abschätzbar, ob eine Nachfolge innerhalb der Familie überhaupt infrage kommt. Nachfolgefragen sind das schwierigste und konfliktträchtigste Kapitel im Lebenszyklus eines Hofes. In Süddeutschland heißt es sogar: *„Schwätze ner no oder hänner scho deild?"* Redet ihr noch oder habt ihr schon geteilt? In den Jahren um die Hofübergabe wird es einige Turbulenzen in Ihrer Familie geben, denn diese Übergangsphase ist sehr sensibel und hoch komplex. Alle Beteiligten stehen vor existentiellen Entscheidungen, und da gibt es keine Patentrezepte, denn jede Situation ist anders gelagert und jede Familie muss ihre eigene Lösung finden. Das braucht viel Zeit und Kraft und ist am besten häppchenweise zu bewältigen. Viele kleine Schritte sind einfacher zu bewältigen und führen zu besseren Lösungen als eine Hau-Ruck-Aktion.

Wo geht's hin, wie soll es weitergehen?

Wo goht's na wie wird's wider gau
Vor dere Frog wirsch du oft no stau
Nim dir Zit un los in dich ni
Dan merksch du was wird's richtige si.
Bure zum Alange

Mit der Vorbereitung des Generationswechsels kann man also nicht früh genug beginnen, das gilt für alle Beteiligten und ganz besonders für die Übergeber. Sie müssen sich aktiv damit auseinandersetzen, dass die eigene Bewirtschaftungszeit einmal enden wird. Am besten vorbereitet sind Betriebsleiterinnen und -leiter, die schon frühzeitig Vorsorge getroffen haben, zum Beispiel in Form regelmäßig angepasster Testamente, sonst kann es zu überstürzten Aktionen kommen, wie zum Beispiel den Abschluss wenig tragfähiger Pachtverträge, damit das Altersgeld fließt.

Vererben und Testament – was ist zu beachten?

1. Kein Testament – dann regelt das Gesetz, wer mich beerbt
Ziel der gesetzlichen Erbfolge: möglichst gerechte Aufteilung des Nachlasses unter allen Erben. Die gesetzliche Erbfolge greift, wenn keine letztwillige Verfügung besteht oder wenn diese ungültig ist, z. B. bei Formverstößen!

2. Langjährige Lebensgefährtin – erbt ohne Testament nichts
Der „Lebensabschnittspartner" ohne Trauschein ist kein gesetzlicher Erbe. Ohne Testament erbt dieser nichts! Er muss zudem beweisen, was ihm vom gemeinsamen Vermögen gehört.

3. Testament auch ausdrucken?
Mein Testament kann ich entweder privat schreiben oder vom Notar beurkunden lassen. Ein privates Testament muss vom ersten bis zum letzten Wort mit der Hand vom Verfasser geschrieben sein und mit seiner Unterschrift abschließen. Nachträgliche Ergänzungen müssen ebenfalls mit der Hand geschrieben und erneut unterschrieben sein. Versehen Sie das Testament mit Datum. Existieren mehrere Testamente mit sich widersprechenden oder ausschließenden Anordnungen, gilt immer die neueste Regelung.

4. Hofnachfolger auch ohne Testament? – Das geht nicht gut
Ohne Testament = gesetzliche Erbfolge = Kinder erben zu gleichen Teilen. Um den Hof zu übernehmen, muss der Übernehmer dann nach **Verkehrswert** ausbezahlen. Mit dem **Ertragswert** wird der Hof nur dann bewertet, wenn der vorgesehene Übernehmer als solcher im Testament erwähnt ist.

Diese Punkte sind nur erste Hinweise! Ohne professionelle Beratung können Sie kein optimales Testament verfassen. Wenn Sie also mit Ihren Überlegungen fertig sind, was im Todesfall mit Ihrem Vermögen passieren soll, dann nehmen Sie eine erbrechtliche Beratung in Anspruch, beispielsweise durch ihren Bauernverband.
Michael Nödl, Justitiar des Badischen Landwirtschaftlichen Hauptverbandes e. V.

Sinnvoll ist es auch, frühzeitig an einem Hofübergabe-Seminar teilzunehmen. Dies gilt nicht nur für die Eltern, sondern auch für die Hofnachfolger, und auch die weichenden Erben sind willkommen. Neben vielen fachlichen Informationen geht es vor allem um den Austausch mit anderen Menschen in ähnlicher Situation. Sie werden erleben, wie gut das tut. Und so gestärkt, wird es Ihnen als Übergeber leichterfallen, die Gespräche in der Familie in eine gute Richtung zu lenken.

Darf es auch eine Tochter sein?

Höfe werden traditionell in der männlichen Linie vererbt: *„Ja den Hof, den kriegt der Thomas, also das ist für uns beide klar, und er weiß das auch. Ja und die Mädchen, die wissen das auch.*" Frauen kommen meist erst in

Forscher der Universität Frankfurt haben im Auftrag des Bundesfamilienministeriums herausgefunden, dass Töchter mit ihren Vätern harmonischer zusammenarbeiten – weil die Hahnenkämpfe entfallen.

schwierigen Situationen zum Zug – wenn es keine Brüder gibt oder diese die Nachfolge ablehnen. Auch in anderen Wirtschaftsbereichen ist das der Fall – nur jedes zehnte deutsche Unternehmen wird von einer Frau übernommen.

Eine Tochter lässt dem Vater meist das Gefühl, er sei noch die Nummer eins, obwohl er weiß, dass das nicht mehr stimmt. Eine provokante Frage sei daher erlaubt: Warum sollen Töchter nicht ebenfalls erste Wahl sein? In Österreich leiten Frauen heute schon mehr als ein Drittel der landwirtschaftlichen Betriebe.

Wer gehört dazu? – Das magische Dreieck der Hofübergabe

„Heiner, wasch dir den Hals, wir haben heute Nachmittag einen Termin beim Notar!“ So autoritär und überfallartig geht es inzwischen nicht mehr zu. Das war damals schon falsch und funktioniert heute erst recht nicht mehr. Hilfreich ist es, die Hofübergabe als gemeinsames Projekt aller Familienmitglieder zu verstehen, dabei hat es sich bewährt, ernsthafte Gespräche etwa zwei bis drei Jahre vor dem Übergabetermin zu beginnen. Schrittweise sollen dann alle betroffenen Familienangehörigen beteiligt werden:

- Übergeber und Ehepartner. Hier liegen im Normalfall Initiative und Leitung des Prozesses.
- Der Hofnachfolger / die Hofnachfolgerin und falls im Hof zukünftig eingebunden, auch deren Ehepartner. Im ersten Schritt erfolgt eine Verständigung zwischen den Übergebern und den (potenziellen) Übernehmern.
- Möglichst alle Geschwister des Nachfolgers, die sogenannten weichenden Erben, kommen als nächste dazu.
- Falls es weitere Personen gibt, die rechtlich mit dem Hof verbunden sind (z. B. Großeltern oder andere Verwandte, die noch auf dem Hof leben), dann haben auch diese ein Anrecht auf Beteiligung.

Der Kreis sollte nicht unnötig vergrößert werden. Die Hofübergabe ist eine Familienangelegenheit, daher gehören die Ehepartner der weichenden Erben nicht oder nur in Ausnahmefällen dazu. Was vielen Familien nicht bewusst ist: Alle Parteien haben naturgemäß eine ganz unterschiedliche Bedürfnislage, auch innerhalb der harmonischsten Familien ist nie alles eins. Was sind nun die verschiedenen Interessen im Übergabedreieck?

Übergeber

- Die eigene Lebensleistung, das mit harter Arbeit Erreichte, soll würdig fortgeführt werden, damit ist häufig die Erwartung verbunden, in weitere Entscheidungen mit eingebunden zu sein.

- Die Übergabe muss gleichzeitig den eigenen Lebensabend finanziell absichern.
- Die Übergabe soll die Bindung zum Übernehmer stärken, damit eine gesicherte Existenz auch im Krankheits- und Pflegefall gewährleistet ist.

Übernehmer
- Häufig arbeitet der Übernehmer schon Jahre lang im Betrieb mit und sieht die Übergabe als Ausgleich für bisher Geleistetes.
- Mit der Übernahme und den damit verbundenen Regelungen soll die eigene wirtschaftliche Existenz gesichert werden.
- Der Übernehmer wünscht einen Rollenwechsel vom Mitarbeiter zum Chef.
- Mit den beiden vorangegangenen Punkten ist oft auch eine Neuausrichtung des Betriebes verbunden.

Weichende Erben
- Sie erwarten Anerkennung, dass sie ebenfalls viel für den Hof getan haben.
- Sie erwarten Anerkennung dafür, dass sie weichen.
- Der Hof ist ihre Heimat. Sie möchten auch nach der Übergabe noch auf den Hof kommen können.
- Sie erwarten eine gerechte Abfindung.

Die Beteiligten haben auch gemeinsame Interessen. Fast immer ist der Erhalt des Hofes – und das möglichst in der Familie – ein hoher gemeinsamer Wert, und als noch wichtiger erweist sich in der Regel der große Wunsch nach Zusammenhalt und Einigkeit in der Familie.

Es geht um ein Lebenswerk

Voller Stolz guk ich uf mi Werk
S isch de oberst Hof am Berg
Wa hem er baut, wa he mer gschafft
Koschtet hät's en hufe Kraft.
Bure zum Alange

Für die meisten Übergeber ist die Arbeit auf dem Hof zentraler Lebensinhalt und Lebenssinn. Wenn der Hof nicht mit guten Gefühlen übergeben werden kann, dann war die gesamte Lebensanstrengung umsonst. Doch wer einen Betrieb übergibt, der muss sich selbst überflüssig machen. Die letzte Entscheidung des Chefs ist seine eigene Abschaffung. In Bayern gibt es den Spruch: *„Übergeben, nimmer leben."* Vor dieser Furcht stehen

Der Hofübergabeprozess ist eine hoch emotionale Angelegenheit, es geht um das Lebenswerk von Generationen!

manche, und doch gilt die alte Weisheit: „*So lange das Alte nicht weicht, kann das Neue nicht wachsen.*“ Emotionen sind eine der häufigsten Ursachen für das Scheitern des Generationenwechsels in Familienbetrieben, auch außerhalb der Landwirtschaft.

Bin in d' Schul un han viel glert
Un ich will's jetz usprobiere
Mini Kraft un au mi Wisse in de Hof jetz investiere
Soll i baue – Schulde mache oder soll ich's lieber lau
Wer weiß denn scho wie wird's au wieder gau.
Bure zum Alange

Auch für die Nachfolger geht es um eine existenzielle Lebensentscheidung, die mit vielen Fragen verbunden ist: Bin ich bereit, die Verantwortung zu übernehmen? Traue ich mir das zu? Was meint mein Partner/meine Partnerin? Bietet der landwirtschaftliche Betrieb eine Einkommensgrundlage für unsere junge Familie? Wie können wir den Hof in eine gute Zukunft führen? Wie wird sich das Verhältnis zu den Eltern und Geschwistern entwickeln?

Hofübergabe – innere Planung

Nur wer weiß, wohin er will, kann auch ankommen. In der Phase der inneren Planung sind alle Beteiligten gefordert, die eigenen Wünsche und Vorstellungen zu entwickeln. Dies hört sich einfach an, ist aber meist mit einem längeren Prozess der Selbstklärung verbunden. Je genauer die einzelnen Parteien ihre eigenen Bedürfnisse kennen, desto einfacher wird es, diese mit den anderen Beteiligten ins Gespräch zu bringen. Es gilt also für Jung und Alt, bereits im Vorfeld der Familienverhandlungen persönliche Antworten auf grundlegende Fragen zu finden:

- Was ist mir wichtig im Leben?
- Welche gelungenen oder weniger gelungenen Übergabebeispiele kenne ich?
- Was sind meine Wünsche und Befürchtungen?
- Wer ist für die Nachfolge geeignet? Wer ist zur Nachfolge bereit?
- Welchen Zeitpunkt für die Übergabe stelle ich mir vor?
- Worauf bin ich besonders stolz? Wie wünsche ich mir mein Leben nach der Übergabe?
- Wo will ich wohnen? Mit wem?
- Was will ich (noch) arbeiten? Welche anderen Interessen habe ich?
- Welche Absicherung für das Alter brauche ich?
- Welche Art und Höhe der Abfindungen halte ich für gerecht?
- Wie stelle ich mir die Familienbeziehungen nach der Übergabe vor?

Die Gespräche in der Familie

Im Generationenwechsel stellen sich nicht nur Sachfragen, sondern in viel größerem Ausmaß zwischenmenschliche Themen. Werden diese nicht beachtet, dann landet man schnell in einer Sackgasse. Befürchtungen, Erwartungen und Wünsche an das Miteinander müssen miteinander besprochen werden. Das braucht meistens mehrere Anläufe, denn vielen Menschen fällt es schwer, über Beziehungsthemen zu reden. Gespräche mit Außenstehenden können dabei helfen herauszubekommen, was ich eigentlich will. Hier sind zum Beispiel die Landwirtschaftlichen Familienberatungen geeignete Anlaufstellen. Wenn absehbar ist, dass im Rahmen des Übergabeprozesses Konflikte auftauchen werden, dann ist auch eine Mediation sehr zu empfehlen, dadurch können mögliche oder vorhersehbare Konfliktpunkte bereits zu einem frühen Zeitpunkt erkannt und entschärft werden.

Exkurs: Formen gleitender Hofübergabe

In Familienbetrieben wird gern auf das Modell einer gleitenden Übergabe zurückgegriffen, bei der sich die Aufgabenverteilung schrittweise verschiebt. Die Jungen finden ihren Platz im Unternehmen nach und nach, und die Alten ziehen sich Stück für Stück zurück. In der Praxis sind folgende „Zwischenlösungen“ am stärksten verbreitet:

- **Arbeitsvertrag**
  Der Hofübernehmer / die Hofübernehmerin wird von den Eltern durch einen Arbeitsvertrag angestellt, er bzw. sie erhält vollen Lohn und Sozialversicherungen.
- **Verpachtung an den Nachfolger / die Nachfolgerin**
  Häufig anzutreffende, einfache und unbürokratische Zwischenlösung. Da die Alterskassen jedoch eine Mindestpachtdauer von 9 Jahren fordern, verleitet die Verpachtung leider immer wieder dazu, das Thema Hofübergabe zu weit nach hinten zu verschieben.
- **Gesellschaftsvertrag**
  Immer häufiger bewirtschaften Vater und Sohn / Tochter den Betrieb vor der Hofübergabe für mehrere Jahre gemeinsam im Rahmen einer Gesellschaft des bürgerlichen Rechts (GbR), auch Kommanditgesellschaften (KG) sind denkbar. Die Übergänge sind fließend, die Verantwortung kann schrittweise übergeben werden.
- **Übergabe unter Nießbrauchsvorbehalt**
  Sie ist eher unüblich. Bei dieser Variante steht der Hofnachfolger schon früh im Grundbuch, das Recht zur Bewirtschaftung liegt aber vollständig beim Übergeber. Der Nachfolger ist eigentumsmäßig abgesichert. Der Nießbrauchsvorbehalt sollte immer zeitlich begrenzt werden.

Realistische Bestandsaufnahme erstellen

Die Zukunft gewinnt nur, wer der Gegenwart ehrlich ins Auge schaut. Zur Vorbereitung eines Übergabevertrags muss eine verlässliche Datengrundlage aufgebaut werden:

Der land- und forstwirtschaftliche Betrieb

- Höhe von Gewinn und Eigenkapitalbildung, Entwicklung der letzten Jahre, Entwicklungsmöglichkeiten? Investitionsbedarf? Haupt- oder Nebenerwerb?
- Zusammenstellung aller bedeutsamen Verträge.
- Wie viel Baraltenteil kann der Betrieb tragen?

Vermögenszusammensetzung

- Ertragswert des landwirtschaftlichen Betriebs.
- Sonstiges Vermögen (Kapitalvermögen, Häuser, Bauplätze, gewerbliche Betriebe z. B. Biogas- oder Fotovoltaikanlagen ...).
- Aufstellung der Verbindlichkeiten.

Altersversorgung

- Rentenhöhe, weitere Einkünfte.
- Wohnrecht, Naturalentnahmen.
- Wie viel Geld brauchen wir als Altenteiler?

Abfindung der weichenden Erben

- Gesetzlicher Anspruch: Ermittlung des Erbteils beziehungsweise Pflichtteils.
- Was haben die weichenden Erben bereits erhalten? (Vorempfänge)

Abfindung weichender Erben – Grundsätze

- Wenn der übergebene Hof im Haupt- oder Nebenerwerb eine gewisse wirtschaftliche Leistungsfähigkeit aufweist und vom Hofnachfolger weitergeführt wird, wird der **Ertragswert** zu Grunde gelegt.
- Wenn bei der Hofübergabe die Vermögensübertragung im Vordergrund steht (Hobbylandwirtschaft oder Betriebsaufgabe), wird der **Verkehrswert** zu Grunde gelegt.

Informationen einholen und Beratung aufsuchen

Bereits bei der Erstellung der Datengrundlage werden Sie Auskünfte von Experten benötigen: Steuerberater, Landwirtschaftsamt / Landwirtschaftskammer, Sozialversicherung für Landwirtschaft, Forsten und Gartenbau, Versicherungen, Banken, Agrarjuristen und mehr. Es empfiehlt sich, frühzeitig damit zu beginnen.

Anhand dieser Datengrundlage entwickeln dann alle Beteiligten konkrete Vorstellungen. Die Vorschläge eines Beraters, sei es Steuerberater oder Notar, können, sollen und dürfen niemals die Vorgaben und Wünsche der Familie ersetzen. Wenn die Vorstellungen der Familie vorliegen, dann kann ein erster Vertragsentwurf erstellt werden. Die rechtliche Vertragsgestaltung ist zum Beispiel eine Dienstleistung der Bauernverbände. Auch Notare haben die Aufgabe, bei der Hofübergabe rechtlich zu beraten.

Hofübergabeverträge müssen vom Notar beglaubigt und die Eigentumsänderungen ins Grundbuch eingetragen werden.

Welche Punkte werden in einem Übergabevertrag geregelt?

Die Hofübergabe bezeichnet man als vorweggenommene Erbfolge, weil der Vermögensübergang bereits zu Lebzeiten erfolgt. Während in anderen Ländern, zum Beispiel in Dänemark, der Hof an die Kinder wie an Fremde verkauft wird, verläuft in Deutschland die notarielle Hofübergabe im Regelfall als (gemischte) Schenkung. In einem Hofübergabevertrag können Sie praktisch alles frei regeln. Die wesentlichen Bestandteile eines Hofübergabevertrags sind:

- Übergabegegenstand,
- Altenteil / Versorgungsleistung,
- Abfindung weichender Erben,
- gegebenenfalls Spekulationsklausel,
- gegebenenfalls Rückübertragungsklausel.

Welche Punkte sind zusätzlich zu besprechen?

Darüber hinaus gibt es Themen, die nicht vertraglich geregelt, aber unbedingt in der Familie angesprochen werden sollten. Dies betrifft alle zwischenmenschlichen Fragen, zum Beispiel:

Zusammmen leben
- Soll es gemeinsame Mahlzeiten geben?
- Wird Mithilfe bei der Kinderbetreuung gewünscht bzw. angeboten?
- Wie klären wir Konflikte?

Zusammen arbeiten
- In welchem Umfang werden die Übergeber noch mitwirken?
- Wie sind die Verantwortungsbereiche aufgeteilt?

Versorgung und Pflege der Übergeber im Alter
- Wer macht was?

Für alle drei Bereiche gilt: Der Sorge für die Eltern werden die Kinder umso eher nachkommen können, wenn sie von den Eltern die Erlaubnis und den Segen für ihre eigene Lebensgestaltung bekommen haben.

Abschließende Verhandlungen und Beurkundung

Die Punkte aus den vorherigen Abschnitten sind mit allen Betroffenen offen zu verhandeln, ohne Zugeständnisse von allen Seiten geht es nicht. Wenn der Vertragsentwurf vorliegt, müssen alle Beteiligten ausreichend Zeit bekommen, den Entwurf zu überprüfen. Oft stellt sich heraus, dass noch Informationen fehlen und nachverhandelt werden muss, und immer sind Emotionen im Spiel. Die Übergeber denken vielleicht, das notwendige Baraltenteil würde ihnen nicht gegönnt. Die Übernehmer sind in Sorge um ihre Zukunft. An dieser Stelle darf man nicht ungeduldig werden.

Gespräche sind so lange erforderlich, bis sich alle einig sind. Alles andere würde den Familienzusammenhalt gefährden.

Wenn Sie sich geeinigt haben, vereinbaren Sie den Termin auf dem Notariat. Sie haben den Stabwechsel geschafft, als nächstes kommt die Umsetzung in den Alltag. Sie können stolz sein auf Ihre Familie. Herzlichen Glückwunsch!

Den Staffelstab weitergeben – und feiern

Der Hofübergabetermin auf dem Notariat hat stattgefunden. Was machen Sie dann? Es tut gut, diesen wichtigen Lebensübergang – in welcher Form auch immer – bewusst zu gestalten, mit einer Flasche Sekt vor dem Rathaus, einem gemütlichen Familienessen oder einer wilden Party – ganz wie es Ihnen gefällt! Feiern setzen Marksteine in die Routine des Alltags, markieren Wendepunkte und Veränderungen. Ein Fest zur Hofübergabe ist so etwas wie ein Übergangsritual. Kleine Rituale kennen wir aus dem Alltag: Die Tasse Kaffee am Morgen, die Gute-Nacht-Geschichte für die Kleinen, der Tatort am Sonntagabend. Rituale schaffen Ordnung, sie geben uns Halt, Ruhe und Sicherheit. Auch Gottesdienste sind Rituale. Vielleicht wollen Sie miteinander diese persönliche Form eines Übergaberituals vollziehen, bei dem Sie sich gegenseitig danken. Das erleichtert den Übergang und macht den Weg frei für die Zukunft!

Materialien zur Hofübergabe
Informationsheft des Evangelischen Bauernwerks in Württemberg e. V., 66 Seiten, jährlich aktualisierte Auflage, www.hofübergabe.org, Telefon 07942 / 107-12.

Hofübergabe und Existenzgründung
Bewährtes aid-Heft, geht auch auf die Besonderheiten der außerfamiliären Hofübergabe ein. ISBN 978-3-8308-0976-0, Bestell-Nr. 1186, www.aid-medienshop.de.

Hofübergabe-Ritual
Aus der landwirtschaftlichen Familienberatung ist ein neues gottesdienstliches Ritual entstanden, das Ihnen vielleicht Anregungen für eine persönliche Feier geben kann. Die Hofübergabe kann als Einschub in einen Gottesdienst auf dem Hof gefeiert werden. Weitere Hinweise: *Hermann Witter, www.ekiba.de/hofuebergabe-ritual*

Den Hof in fremde Hände geben?

Warum fehlen auf so vielen Höfen die Nachfolger? Nach einer Umfrage aus dem Jahr 2010 ist nur auf etwa 30 % aller Betriebe die Nachfolge gesichert. Bei einer Befragung gaben die Landwirte an:

- Unsere Kinder haben andere berufliche Interessen (50 %).
- Das Einkommen auf dem Hof reicht nicht (25 %).
- Wir haben keine Kinder (20 %).
- Es gibt Spannungen zwischen Jung und Alt (5 %).

Auf der einen Seite schließen viele Höfe für immer ihre Tore, auf der anderen Seite gibt es immer mehr sehr gut ausgebildete und hochmotivierte junge Menschen, die einen Hof als Lebens- und Arbeitsplatz suchen.

Experten schätzen, dass etwa 3 bis 5 % der Höfe außerhalb der Familie übergeben werden, mit steigender Tendenz. Für die Übergeber bedeutet ein solcher, bislang noch ungewöhnlicher Schritt, dass ihr Lebenswerk erhalten bleiben kann. Was unterscheidet eine Übergabe an Fremde von einer Übergabe innerhalb der Familie? Die meisten Themen sind gleich: Vielen Übergebern fällt es schwer, die betriebliche Verantwortung abzugeben und zuzulassen, dass die Jungen den Betrieb auf ihre eigene Art und Weise führen. Anderen fällt es nicht leicht, die neu gewonnene Freiheit zu genießen, und weniger Verpflichtung und Arbeit zu haben. Manchmal wird die finanzielle Leistungsfähigkeit des Betriebes sowohl von den Übergebern als auch von den weichenden Erben überschätzt. Wie mehrere Generationen gut zusammenleben und eine neue Arbeitsteilung finden können, das sind ebenfalls Fragen, die immer anstehen.

In mindestens drei Gesichtspunkten unterscheidet sich die Übernahme von Nicht-Verwandten grundlegend von einer innerfamiliären Übergabe:

1. Im Prozess des Zueinanderfindens und der Wahlmöglichkeiten. „*Ich habe mir meine Erben selbst gesucht*“, bringt es ein Übergeber auf den Punkt.
2. Das größere soziale Netzwerk, das von den Übernehmern sowohl als Ressource genutzt, als auch als Belastung erlebt werden kann. Neben der eigenen Verwandtschaft und Freunden kommen – wenn die Übergeber Kinder haben – diese als soziale Bezugspersonen dazu. Im besten Fall ziehen die weichenden Erben und Erbinnen mit den fremden Hofübernehmern an einem Strang: „*Die haben uns sogar beim Stallbau geholfen. Die waren auch froh, dass wer da ist und dass es auf dem Hof weitergeht*“, berichtet eine Jung-Bäuerin.
3. Bei einer Übergabe außerhalb der Familie wird dem klassischen Generationenkonflikt weitgehend der Boden entzogen. „*Wenn man als Schwiegertochter wohin kommt und dann vielleicht der Sohn zum Vater hält oder zur Mutter, sehe ich mehr Probleme wie es bei uns ist*“, benennt eine andere Jung-Bäuerin den großen Vorteil.

Bei der Übergabe an Fremde macht es einen wesentlichen Unterschied, ob die Hofübergeber eigene Kinder haben oder nicht. Eigene Kinder frühzeitig in die Überlegungen miteinzubeziehen, ist besonders wichtig, schließlich müssen auch sie hinter einer solchen Entscheidung stehen und nicht das Gefühl haben, um ihr Erbe betrogen worden zu sein. Eine Hofübergabe ist schon innerhalb der Familie ein hochkomplexer Prozess, umso mehr trifft das für die außerfamiliäre Übergabe zu. Vereinzelt gibt es in den ländlichen Bildungshäusern schon Seminare, die beiden Seiten Unterstützung bieten, zum Beispiel unter dem Titel *„Hof mit Aussicht – Hof in Aussicht“*.

Manche Einsteiger in die Landwirtschaft tragen anfangs eine rosarote Brille und unterschätzen die unternehmerischen Herausforderungen. Die Rahmenbedingungen für Existenzgründer in der Landwirtschaft sind schwierig. Arbeitsplätze in der Landwirtschaft gehören zu den kapitalintensivsten überhaupt – bei gleichzeitig geringem Einkommen. Neu-Landwirte verfügen selten über das Gründungskapital, um einen Hof von Null weg aufzubauen. Immer mehr Altlandwirte sind daher bereit, den Hof außerfamiliär zu den gleichen Konditionen zu übergeben wie innerhalb der Familie, wenn dadurch ihr Lebenswerk fortgesetzt werden kann.

Hofübergabe außerhalb der Familie – Vertragsformen

Kommen sich beide Seiten näher, gibt es viele Möglichkeiten, wie man die Hofnachfolge außerhalb der Familie gestalten kann:

- Übergabevertrag,
- langfristiger Pachtvertrag,
- Gründung einer GbR,
- Verkauf auf Renten- oder Ratenbasis,
- Übertragung des Hofes an einen gemeinnützigen Träger (z. B. Stiftung) oder zum Beispiel an eine Bürgeraktiengesellschaft, Pacht durch Nachfolger.

Hof ohne Nachfolge

Seit 1980 hat sich die Zahl der landwirtschaftlichen Betriebe in Deutschland mehr als halbiert von knapp 800 000 auf heute weniger als 300 000 Betriebe. Die häufigsten Ursachen für die Aufgabe eines landwirtschaftlichen Betriebs sind:

- fehlender Hofnachfolger oder fehlende Hofnachfolgerin,
- Erreichen der Altersgrenze des Betriebsleiters oder der Betriebsleiterin,
- Todesfall oder Krankheiten eines Familienmitglieds,
- Aufnahme einer außerlandwirtschaftlichen Tätigkeit,
- der Betrieb bietet keine ausreichende Existenzgrundlage für die Zukunft,
- Überschuldung des Betriebs.

Wenn engagierte Landwirte und Bäuerinnen erkennen müssen, dass es für ihren landwirtschaftlichen Betrieb keine Zukunft gibt, dann stehen sie vor ganz neuen Herausforderungen. „*Wo bleiben unsere Lebenspläne? Was wird aus dem Hof?*“ Das Ausscheiden aus der Landwirtschaft trifft viele Menschen tief ins Herz. Besonders schmerzhaft ist für viele Familien, wenn die letzte Kuh aus dem Stall geht.

Je rechtzeitiger und gründlicher Sie das Thema in der Familie ansprechen können, desto größer ist die Chance, ein angemessenes Einkommen im Alter und so viel Vermögen wie möglich zu sichern. Wenn Betriebe auslaufen, dann sind in allen Lebensbereichen Entscheidungen zu treffen: Wovon leben wir künftig? Wer versorgt uns im Alter? In welcher Form lassen wir den Betrieb auslaufen? Was passiert mit den Tieren? Wollen wir verpachten oder Teile verkaufen? Wie können die verbleibenden Kosten reduziert werden? Ist eine Umnutzung von Gebäuden möglich? Was geschieht mit früher erhaltenen Fördermitteln? Wie lässt sich die Steuerbelastung aus einer Betriebsaufgabe reduzieren? Wer kann uns bei welchen Fragen unterstützen? Eine Betriebsaufgabe ist schwieriger als der Aufbau.

Sie brauchen in jedem Fall eine frühzeitige rechtliche und steuerliche Beratung, und frühzeitig bedeutet hier nicht mehrere Monate, sondern mehrere Jahre! Eine Mitteilung an das Finanzamt „*ich habe meinen landwirtschaftlichen Betrieb aufgegeben*“ würde zur Aufdeckung aller stillen Reserven und damit unter Umständen zu sehr hohen Steuerzahlungen führen. Es gibt eine Reihe steuerlicher Vergünstigungen bei einer Betriebsaufgabe, die genutzt werden können. Mitte fünfzig und ohne Hofnachfolger bedeutet, dass man sich intensiv mit der Materie auseinandersetzen sollte, doch die wenigsten Familien tun das zu diesem Zeitpunkt. Die Arbeitsbelastung sollte allmählich sinken, Betriebsinvestitionen müssen kritisch überdacht werden. Wenn Kapital angelegt werden kann, dann sollten unbedingt auch außerlandwirtschaftliche Alternativen geprüft werden, wie zum Beispiel Mietwohnungen oder eine Gebäude-Umnutzung. Bei der Umnutzung bedenken Sie bitte den Verlust der baurechtlichen Privilegierung des Hofes im Außenbereich bei der Betriebsaufgabe.

Materialien für Betriebe ohne Hofnachfolge

Jährlich aktualisiertes Informationsheft des Evangelischen Bauernwerks in Württemberg e. V., zu beziehen unter www.hofübergabe.org oder Telefon 07942 / 107-12.

Aid-Heft: Betriebsaufgabe – den Neuanfang wagen

ISBN 978-3-8308-0633-2, Bestell-Nr. 1240, www.aid-medienshop.de

Wenn der Betrieb nicht mehr im Mittelpunkt steht, ist das eine große Umstellung: *„Ich habe nie gelernt, mit Freizeit umzugehen. Hobbies hatte ich nie. Auf ein Leben ohne Arbeit war ich nicht vorbereitet."* Nun scheinen die Tage für den ehemaligen Landwirt viel zu lang. Ohne Arbeit fällt eine bisher tragende Säule weg und muss durch andere Lebensinhalte ersetzt werden. Was könnte das sein? Woran hängt Ihr Herz ganz besonders? Wie kann vielleicht landwirtschaftliches Leben im Mini-Format weitergeführt werden? Ein schöner Bauerngarten? Federvieh halten? Und was ist bisher zu kurz gekommen? Was bietet der neue Lebensabschnitt? Vielleicht Zeit für Ausflüge mit der Ehefrau, Zeit für die Enkel, Zeit für ehrenamtliche Tätigkeiten? Ihr Wissen und Ihre Fähigkeiten sind gefragt! Nach einem arbeitsreichen Leben eröffnen sich ganz neue Möglichkeiten.

Oft fällt es schwer, die positiven Seiten einer Betriebsaufgabe zu sehen, viel eher verbinden wir damit ein Scheitern. Sie haben Ihr Bestes gegeben. Sie haben geschuftet, sich angepasst, den Betrieb stetig vergrößert und irgendwann feststellen müssen, dass es immer noch nicht reicht – eine große Enttäuschung: *„Unser Hof ist seit 1824 in der Familie, und nun soll ich derjenige sein, mit dem hier alles aufhört?"* Jeder Abschied ist mit Trauer verbunden, denn sie ist die natürliche Antwort auf Verlust. Es gibt viele persönliche Fragen, über die es sich lohnt, nachzudenken – weil sie den Übergang in einen neuen Lebensabschnitt bewältigen helfen.

Trauerphasen

Wie erleben wir Trauer? Nehmen wir uns genug Zeit dafür? Kommt alte unverarbeitete Trauer wieder zum Vorschein? Was haben wir schon durchgestanden? Was haben wir gut gemeistert? Was hat uns geholfen dabei? Womit tun wir uns heute noch schwer? Was und wer könnte uns dabei helfen?
Der Weg durch den Verlustschmerz benötigt Zeit, jeder trauert unterschiedlich. Zu wissen, welche menschlichen Reaktionen es auf einen Verlust gibt, hilft uns selbst und andere in Lebenskrisen besser zu verstehen. Die Sterbeforscherin Elisabeth Kübler-Ross beschreibt fünf Phasen:

- **Nicht-wahrhaben-Wollen**: Das Bedrohliche verdrängen.
- **Zorn**: „Warum denn gerade ich?"
- **Verhandeln**: „Das will ich ändern, wenn …", Gelübde und Versprechen.
- **Depression**: Sinnlosigkeitsgefühl, innere Leere.
- **Zustimmung, Einwilligung**: Akzeptieren der Realität.

In allen Phasen schwingt die Hoffnung mit, es könnte doch noch ein Wunder geschehen. Ob ein Mensch alle Phasen durchlebt und in welcher Reihenfolge, ist individuell. Oft kommt die Trauer in Wellen, nicht in Phasen. Und meist trauern die Mitglieder der gleichen Familie auf ganz unterschiedliche Weise.

So gelingt das Miteinander

Grenzen achten und Abstand aushalten

Egal ob Sie den landwirtschaftlichen Betrieb innerhalb oder außerhalb der Familie übergeben oder ob Sie Ihre Landwirtschaft auslaufen lassen und mit mehreren Generationen weiterhin die Hofstelle bewohnen, das Achten von Grenzen ist die Grundlage eines guten Miteinanders. Grenzen sind Trennlinien, die Schutz bieten. Sie sind nicht gut oder schlecht, sie bestehen einfach. Wir haben auch persönlichen Grenzen, und wenn wir diese überschreiten oder sie durch andere verletzen lassen, dann können wir krank werden. Soziale Systeme wie das Paar, die Familie, der Betrieb, haben ebenfalls unsichtbare Grenzen. Manchmal sind sie auch sichtbar: Eine abgeschlossene Wohnung für jede Familie ist auf den Höfen inzwischen selbstverständlich. Ein guter Abstand ist nach der Aussage eines älteren Landwirts deutlich wahrzunehmen: *„Um meinen Sohn zu besuchen, muss ich meine Jacke überziehen."*

Es hilft beim Zusammenleben ungemein, wenn jeder genau weiß, was seins ist. Wenn zum Beispiel die Schwiegermutter das Unkraut im Garten der Schwiegertochter nicht mehr sehen kann und zur Tat schreitet, dann ist das eine Grenzverletzung, selbst wenn sie es gut gemeint hat.

Gut gemeint ist nicht gleichzeitig gut gemacht. Wenn nach der Hofübergabe die Geschwister ungefragt den Schlepper holen oder sich selbstverständlich an den Naturalgütern bedienen, ist das ebenfalls eine Grenzverletzung. Großeltern freuen sich über das Zusammensein mit den Enkeln, und diese lieben und brauchen die Großeltern. Klar sollte dabei sein, dass die Kindererziehung zum Bereich der Eltern gehört, sie geben die Richtlinien vor. Auch betrieblich müssen Grenzen und Verantwortlichkeiten klar sein. Wenn Sie sich als Senior mit Ratschlägen zurückhalten, dann werden Sie umso öfter gefragt. Selbstverständlich haben Sie mehr Lebenserfahrung – doch auch die Jungen dürfen Fehler machen.

Darf ich mich denn selbst so wichtig nehmen? Eindeutig ja, denn nur wer gut für sich selbst sorgen kann, kann anderen etwas geben. Nur wenn ich Verständnis für meine persönlichen Grenzen aufbringe, kann ich mich auch in andere hineinversetzen. Ein friedliches Zusammenleben erreicht man nicht, indem man Grenzüberschreitungen übersieht, eigene Bedürfnisse unterdrückt und sich anpasst, das baut nur Druck auf, der sich irgendwann unkontrolliert entladen wird. Grenzen zu setzen, heißt nein sagen lernen und zwar hart in der Sache und möglichst weich zu den Menschen.

Reden, reden, reden

„Reden kann ich zwischen Nachtessen und Schlafengehen", meinte ein älterer Landwirt, der von seiner Frau in die Beratung geschleppt wurde. Viel mehr, meinte er, würde es ihm helfen, wenn er eine Hilfe für die tägliche Arbeit bekommen könnte. Arbeiten ist in der Landwirtschaft selbstverständlich, die Kommunikation gilt es oft noch zu entwickeln. Wir leben heute in einer

Welt, in der der Einzelne für seine Biografie selbst verantwortlich ist. Es gibt unendlich viele gleichwertige Möglichkeiten, das Leben zu gestalten. Wir brauchen regelmäßige Momente des Kontaktes mit uns selbst, um herauszufinden: Was will ich? Was brauche ich? Was tut mir gut?

Heute belagern uns die Anforderungen von Montag bis Sonntag und von früh bis spät. Freiräume zum Innehalten müssen wir uns bewusst erst schaffen, das kann auch bei der Arbeit sein. Häufig kommen uns auf dem Schlepper, bei der Gartenarbeit oder beim Sport die besten Einsichten über uns selbst, und wenn wir diese dann zum Austausch bringen und uns immer wieder aufs Neue miteinander verständigen, dann ist ein gutes Miteinander möglich.

Der Philosoph Karl Jaspers sagt: *„Dass wir miteinander reden können, macht uns zu Menschen.“*

Was die Leute sagen

„Im Dorf weiß jeder, was der andere macht. Was werden die anderen sagen?“, so der Stoßseufzer einer Bäuerin, die sich nicht traute, am heiteren Vormittag über die Felder zu joggen, obwohl dies der einzige Zeitpunkt war, an dem sie etwas für ihre Gesundheit tun konnte, weil die Stallarbeit erledigt und die Kinder aus dem Haus waren. Zu oft orientieren wir uns an den Erwartungen anderer und sozialen Normen auf Kosten des persönlichen und familiären Wohlbefindens.

Was könnte schlimmstenfalls passieren, wenn wir mehr zu uns selbst stehen würden? Wichtig ist, was für uns und die engste Familie stimmt. Wenn wir mehr von dem tun, was für uns wichtig ist, werden wir auch mehr von dem bekommen, was wir uns wünschen. Das Leben wird unkomplizierter, weil wir uns nicht mehr so vielen Zwängen aussetzen und nicht mehr bei jeder Entscheidung überlegen müssen, was wohl die anderen sagen. Wir werden freier und entspannter. Stellen Sie sich vor, es ist jemand unfreundlich zu Ihnen, und Sie bleiben völlig ruhig. Wenn Sie das können, dann haben andere keine Macht mehr über Sie.

Wie aus Familiengeschichten Zukunft entsteht

Vergangenheit lässt sich nicht einfach abschütteln, aber sie lässt sich in Zukunft verwandeln. Dabei hilft das gemeinschaftliche Erzählen von Geschichten, und das ist vermutlich schon so alt wie das menschliche Sprechen. *„Erzähl mir eine Geschichte“* gehört zum Einschlafritual der Generationen von Kindern. Geschichtenerzählen besänftige die Welt, schreibt der Dichter Peter Bichsel. Unabgeschlossene, nicht erzählte Geschichten können hingegen Generation um Generation wie schwere Steine am Hals hängen. *„Das Reden über Verwandtschaftsverhältnisse, aber auch Erzählungen über Dorfereignisse waren früher üblich und etwas Wichtiges bei uns. Das hat nachhaltig meine Fantasie und mein Geschichtsinteresse angeregt“*, erzählt ein Bauernsohn aus dem Odenwald. Beim Geschichtenerzählen verarbeiten wir schmerzvolle und freudige Lebenserfahrungen, fühlen uns zugehörig und finden unseren Platz im Weltgeschehen.

Wenn wir in der Geschwisterrunde aus der Kindheit erzählen, dann entsteht manchmal der Eindruck, wir seien in ganz verschiedenen Familien aufgewachsen, und jeder liegt richtig aus seiner Perspektive. Das gemeinsame Erzählen führt dazu, dass die unterschiedlichen Wirklichkeiten aufgeweicht werden. Wir verstehen einander besser und bleiben nicht mehr in Schuldzuweisungen stecken. Alle Familien haben ihre Familiensaga. Manchmal können oder wollen wir die alten Geschichten nicht mehr hören – oft ist dies in der Beziehung zwischen Eltern und Kindern der Fall. Doch die Enkel hören es gerne, wenn die Großeltern aus ihrem Leben erzählen. Nutzen wir die Gelegenheit, solange wir sie noch haben.

Beim Geschichtenerzählen werden oft völlig unterschiedliche Aspekte derselben Geschichte sichtbar.

Auch nach vielen Jahren ist Versöhnung möglich

Manchmal haben sich die Situationen verhärtet, der Karren steckt im Dreck und lässt sich nicht mehr herausziehen. Doch die Erfahrung zeigt, dass selbst alte Familienfehden wieder aufgeweicht werden können. Das braucht Mut zur Veränderung und oftmals Unterstützung von außen. In einem Beispiel aus dem Schwarzwald hatte sechs lange Jahre komplette Funkstille zwischen dem Altbauern und der eingeheirateten Schwiegertochter geherrscht. Bald nach der Heirat war es zu Missverständnissen und Konflikten gekommen und *„irgendwann war alles geschwätzt*“. Die beiden lebten in zwei nebeneinanderliegenden Häusern und irgendwie haben sie es geschafft, sich vollständig aus dem Weg zu gehen. Die Jungbäuerin fühlte sich jedenfalls wie im goldenen Käfig. Sie ging nur aus dem Haus in ihren geliebten Garten, wenn sie sich sicher sein konnte, dass der Senior nicht zu Hause war. Wie kam es zur Wende? Eines Neujahrmorgens hörte die Bäuerin den Moderator im Radio sagen: *„Vielleicht gibt es etwas, das Sie in diesem Jahr ganz anders machen wollen wie bisher!“* Ihr wurde klar, dass sie die unerträgliche Situation beenden wollte. Sie besprach sich mit ihrem Ehemann, der überglücklich war, und die beiden fassten den Entschluss zu einem Versöhnungsversuch. Für den Nachmittag war das traditionelle Neujahrstreffen bei den Eltern angesagt. Das erste Mal seit Jahren traute sich die Bäuerin an der Seite ihres Mannes wieder hinüber. Sie hatte sich vorher mit Sektflaschen und Gläsern ausgestattet und ging einen Schritt auf den Schwiegervater zu: *„Lass uns bitte mit dem ersten Glas das Vergangene hinunterspülen und mit dem nächsten auf die Zukunft anstoßen.“* Der Senior war sehr verdutzt, konnte aber vor seiner versammelten Großfamilie dieses Friedensangebot nicht ablehnen. Auf allen Seiten machte sich große Erleichterung breit. Die beiden haben auch heute noch kein besonders herzliches Verhältnis, doch sie können sich auf dem Hof wieder frei bewegen, sie respektieren sich und grüßen einander.

Ich will nicht mehr!
Ich mag nicht mehr!
Ich kann nicht mehr!

7

Konfliktfeld Betrieb

Wenn die Last des Betriebes die Seele bedrückt

Zahlen, Daten, Fakten

Beim Menschen versteht man unter dem Ausgebrannt-Sein einen Zustand ausgesprochener emotionaler, körperlicher und geistiger Erschöpfung mit reduzierter Leistungsfähigkeit.

Haben Sie schon einmal ein ausgebranntes Gebäude gesehen? Dann wissen Sie, wie verheerend das aussieht. Eben noch von Leben erfüllt, jetzt nur noch ein paar Steine aufeinander, ein leerer Fensterrahmen, verkohlte Balken, und wenn Sie in die Ruinen hineinschauen, finden Sie ein trauriges Bild der Verwüstung. Auch Menschen brennen aus. Zunehmend erleben wir das auch in der Landwirtschaft.

Wie sieht es aus, wenn ein Mensch ausbrennt? Wo fängt der Brand an? Darum soll es im folgenden Kapitel gehen und natürlich auch: Wie löscht man einen solchen Brand – oder noch besser wie sieht Brandschutz beim Menschen aus, damit es gar nicht erst zum Ausbrennen kommt.

Zunächst interessiert die Frage: Gibt es überhaupt so etwas wie ein „Burnout"? Bedeutet das nicht einfach, dass jemand nicht mehr will, keine Lust mehr hat? Ist das ein Luxusproblem oder tatsächlich eine Krankheit, und wie viele Menschen sind davon betroffen?

Nicht einmal die Wissenschaft und die Medizin sind sich darüber im Klaren. Aus Sicht der Ärzte handelt es sich bei einem Burnout nicht um eine Krankheit, sondern um *ein Problem der Lebensbewältigung*.

Eines ist deutlich: die Datenlage ist unklar. Es gibt wenige eindeutige Aussagen darüber, wie häufig Burnout in der Landwirtschaft vorkommt. Was bisher erforscht ist, zeigt ein alarmierendes Bild:

Einer Untersuchung zufolge leiden 58 % der Landwirte in Österreich unter einem Burnout; ein französisches Untersuchungsinstitut schreibt Landwirten das höchste Risiko für ein Burnout in den untersuchten Berufsgruppen zu; Forscher aus Neuseeland sprechen 2013 von 26 % betroffener Landwirte; in Finnland findet man zwischen 9 und 45 % von beruflicher Überlastung und Burnout Betroffener in der Landwirtschaft.

Es ist schwierig, diese Zahlen direkt miteinander zu vergleichen, da den Untersuchungen unterschiedliche Testmethoden zugrunde liegen. Was dennoch klar und nachweisbar ist, ist Folgendes: Leute leiden! Leute wollen nicht mehr! Und das ist ein anderes „nicht mehr wollen" als: „*Ich will heute nicht zum Fußball!*" Wenn jemand so leidet und nicht mehr kann, können Betriebe kaputt gehen, Familien zerbrechen und einzelne Menschen völlig untergehen.

Die Selbstmordrate ist in der landwirtschaftlichen Bevölkerung extrem hoch. Laut britischen Forschungen weisen Landwirte die zweithöchste Suizidrate auf. Insbesondere in Frankreich gibt es erschreckende Zahlen: Zwischen den Jahren 2012 und 2014 sprach man von 3 Suiziden in der landwirtschaftlichen Bevölkerung pro Woche (Hoffmann, 2016).

Es sind nicht Einzelne, die unter Überlastung leiden, sondern viele. Ein Großteil davon findet einen gesunden Umgang mit der Situation. Aber schon ein Einzelner, der den Schlussstrich zieht, ist zu viel! Egal, ob der Betroffene unter Burnout, Depression oder Überlastung leidet.

Definition Burnout

- Burnout bedeutet eine unerträgliche Verminderung der Lebensqualität
- Burnout ist ein krisenhafter Prozess. Er tritt nicht plötzlich auf.
- Burnout ist ein emotionales Problem. Darüber hinaus sind Körper und Geist beeinträchtigt.
- Burnout kann zu völliger Arbeitsunfähigkeit, Verzweiflung und sogar zum Suizid führen.

Alles (b)rennt

Das Ausbrennen hat viele Gesichter und kann bei jedem Einzelnen sehr unterschiedlich auftreten. Zugleich gibt es Merkmale und Phasen, die typisch für eine solche Entwicklung sind (Freudenberger, 1974). Das Gefühl von Ausgebrannt-Sein ist in der Regel nicht auf einen Schlag da. Das Ausbrennen ist eine schleichende Entwicklung. Um das besser zu verstehen, schauen wir uns die Geschichte von Jonas an.

Jonas ist Landwirt aus Leidenschaft, mit Herz, Verstand und Tatkraft. Nicht mehr ganz jung – aber auch noch nicht alt, vielleicht genauso wie Sie:

Als Jonas vor ein paar Jahren den Betrieb von seinen Eltern übernommen hat, war für ihn damit ein Traum in Erfüllung gegangen. Mit unzähligen Ideen und Plänen machte er sich ans Werk. Das hätte wohl keiner gedacht, dass er den Betrieb so schnell vergrößern würde. Jonas arbeitet viel, vielleicht mehr als nötig, aber er merkt das kaum, die Arbeit macht ihm Spaß. Jonas ist mit **Engagement** und **Begeisterung** bei der Sache.

Natürlich kommen immer wieder unerwartete Aufgaben hinzu:
Ein Ausbau dauert länger, irgendwo muss schnell noch etwas gemäht werden, bevor es regnet, eine eingemottete Maschine braucht doch noch einen neuen Keilriemen. Jonas **verstärkt** seinen **Einsatz**. Das stärkt in dem Moment auch das Selbstwertgefühl: „*Und ich schaffe das alles!*" Allerdings ist er nicht mehr ganz mit derselben Leidenschaft dabei.

Ab und an vergisst Jonas in der Werkstatt oder auf dem Traktor die Zeit. Er will es gut machen mit der kleinen Familie und kommt doch häufig erst ins Haus, wenn die Kinder schon im Bett sind. Der Hof fordert. Jonas übersieht den Schnupfen, sieht seine Kumpel nur noch selten und lässt sich im Verein nicht mehr blicken, Jonas **vernachlässigt** seine **Bedürfnisse**. In einer Zeit erhöhter Arbeitsanforderung werden oft **soziale Kontakte reduziert** und **persönliche Wünsche hintenangestellt**.

So kann es lange gehen und der Tag zum Ausruhen ist immer morgen. Solche Zeiten haben die meisten Erwachsenen schon einige Male erlebt.

Zeiten hoher Arbeitsbelastung führen nicht zwangsläufig zum Ausbrennen. Solange eine Zeit der Entspannung folgt, ist die Belastung nichts Gefährliches. Bleibt die hohe Belastung jedoch pausenlos über einen langen Zeitraum bestehen, sind die Reserven irgendwann verbraucht.

Zurück zu Jonas: Irgendwann, vielleicht sind schon Jahre vergangen, zeigen sich die ersten Erschöpfungszustände. Insgeheim macht sich eine Unzufriedenheit breit. Die Jahresabrechnung zeigt nicht die erwarteten Zahlen. Jonas Frau fordert ihn schon seit Wochen auf, sich mit ihr an den Tisch zu setzen. Er will die Notwendigkeit nicht sehen und hat ohnehin immer Wichtigeres zu tun, sie geraten häufig in Streit.

Die Frage nach dem Sinn des Ganzen taucht vor allem in den frühen Morgenstunden auf. Sie wird zur Seite geschoben, wie auch Misserfolge und Fehlplanungen. Und Jonas ist schon wieder dabei, neue Projekte zu planen, er **verdrängt Probleme und Konflikte**. Ob das die Zweifel übertönen kann?

Während er versucht, nach außen die Fassade aufrechtzuerhalten, nehmen innerlich beklemmende Gefühle wie Hilflosigkeit, Pessimismus und Ängste zu.

Durch die lange Überanstrengung ist Jonas Leistungsfähigkeit gesunken; Konzentrationsschwierigkeiten führen zu Fehlplanungen, Desorganisation und Gereiztheit nehmen zu.

Jonas stellt sich vermehrt die Frage, wie er alles in den Griff kriegen soll. Das Leben verläuft funktional und mechanisch. Dinge, die ihn früher begeisterten, machen einfach keinen Spaß mehr! Jonas ärgert sich über Maschinen und die Kühe bekommen immer häufiger einen Tritt, auch andere wichtige Dinge und Menschen wertet er ab. Jonas wird Dingen gegenüber, **die er mal geliebt hat, verbittert** und **überdrüssig**. Nach außen wird geschimpft und gepoltert, innerlich stellt er sich und seine Arbeit infrage. Zu viel muss er leisten, zu wenig kommt dabei heraus. Er steckt in einer Sinnkrise, Landwirt, sein ehemaliger Traumberuf, wird zum Klotz am Bein.

Jonas schafft nach wie vor den ganzen Tag, rund um die Uhr, bekommt aber nichts weggeschafft, motiviert ist er schon längst nicht mehr. Passiert Unvorhergesehenes, bringt ihn das völlig aus dem Gleichgewicht, selbst das Alltagsgeschäft zu erledigen, überfordert ihn.

Und dann macht auch noch **der Körper schlapp**. Jonas steht mit Kopfschmerzen auf, meistens fühlt er sich völlig zerschlagen. In der letzten Zeit hat er oft Herzrasen. Neulich musste er sich auf dem Heuboden hinsetzen, weil ihm auf der Leiter schwindelig geworden war. An seine Rückenschmerzen denkt er lieber gar nicht. Noch dazu ist er ständig leicht erkältet.

Durch die viele Arbeit und die schlechte Laune sind viele von Jonas Freundschaften weggebrochen. Die Eltern lassen sich nur noch selten auf dem Hof blicken, nachdem er den Vater nach einem Streit aus dem Stall geschmissen hat. Aus den zwei einsamen Bier am Abend werden vier, und das Einschlafen auf der Couch vorm Fernseher wird zur Regel. Als seine Frau die Koffer packt, zuckt er nur mit den Achseln. Von nun an **zieht sich** Jonas noch mehr **zurück**. Die Arbeit ruft; wer soll es denn sonst machen?

Jonas ist zum Eigenbrötler geworden, den nichts mehr wirklich interessiert. Von dem freundlichen Landwirt ist nicht viel übrig geblieben. Der Hof wirkt verwahrlost, mit der Tiergesundheit geht's bergab, und im Büro stapeln sich die Mahnungen. Nachbarn und Freunde schütteln den Kopf. Sie **beobachten** besorgt, wie sich Jonas **Verhalten verändert**, aber keiner will ihn so recht ansprechen aus Angst vor seiner Reaktion.

Jonas schafft und schafft und schafft. Er weiß zwar nicht mehr wofür, aber er muss weitermachen ... und der Kredit muss auch jeden Monat gezahlt werden. Zwischendurch sitzt er irgendwo und starrt vor sich hin. Er spürt nichts mehr, **in ihm ist alles leer**.

Jonas liegt nachts wach und kommt morgens kaum noch aus dem Bett. Er kommt nicht von der Stelle, wozu auch?

Keine Familie, keine Freunde und dieser Hof, der ihm über den Kopf wächst. Ihm wird klar, er hat den Faden verloren. Ob er eine **Depression** hat?

Eines Morgens geht er in den Stall, starrt fassungslos auf die Kühe. Panik packt ihn, sein Herz klopft, er bekommt kaum noch Luft. Da ist sie, die **pure Verzweiflung, Erschöpfung, das Burnout**. Er fühlt sich nackt, ausgebrannt und weiß einfach: *„Wenn ich nicht jetzt das Steuer rumreiße, ist es zu spät."*

Mit Tränen in den Augen wankt er ans Telefon, ruft die Notfallnummer der Landwirtschaftlichen Sozialversicherung an und sagt: *„Ich kann nicht mehr!"*

Das Ausbrennen ist ein Prozess, der, wird er nicht rechtzeitig gestoppt, zum Totalzusammenbruch führt. Der Verlauf kann sehr unterschiedlich sein – sowie auch die zeitliche Dauer. Typicherweise beginnt er oftmals mit Euphorie und Aktivität und führt über Verhaltensveränderung und Rückzug hin zu Passivität und innerer Leere. Das Burnout betrifft den Menschen immer auf drei Ebenen:

- **Emotionale Erschöpfung**: Ich fühle mich leer und gleichgültig! Ich habe keine Lust mehr! Ängste plagen mich! *Ich mag nicht mehr!*
- **Negative Gedanken und Einstellungen**: Ich bin verbittert! Kann mich nicht mehr konzentrieren! Ziehe mich zurück! Grübele! Finde alles sehr negativ! *Ich will nicht mehr!*
- **Abnehmende Leistungsfähigkeit**: Es treten Schmerzen auf, sowie erhöhte Anfälligkeit für Krankheiten, Herzrasen, Schlafstörungen! *Ich kann nicht mehr!*

Warnzeichen erkennen

Wie andere Systeme hat auch der Mensch innerlich ein Warnsystem, das Bescheid gibt, wenn etwas nicht mehr stimmt. Wenn Anforderungen unsere Kraft übersteigen, wenn keine Pausen mehr da sind, um zur Besinnung zu kommen, und wenn der Sinn des alltäglichen Tuns nicht mehr klar ist, meldet sich dieses Warnsystem und sagt auf seine Art und Weise: *„Achtung! Hier stimmt etwas nicht, schau hin! Mach was anders!“*

Denken Sie an Ihren Traktor! Sie fahren einen sehr steilen Hang hoch, der Motor röhrt, mehr als der erste Gang geht nicht. Mit einem Mal leuchtet eine Warnlampe auf: Temperatur zu hoch, Kühlwasser ist zu Ende.

Als Mensch haben wir (leider) keine roten Lämpchen, die leuchten. Das Warnsystem im Menschen sendet seine Signale auf körperlicher, emotionaler und gedanklicher Ebene. Bemerkenswert werden Warnsignale dann, wenn sie bei hoher Arbeitsbelastung mit einem Mal oder vermehrt auftreten.

Was machen Sie? Anhalten, Abkühlen lassen, oder?

Im Grunde sagt uns unser System genau das: *„Moment! Zu steil! Zu viel! Energie auf Leerstand! Anhalten! Ausruhen lassen!“*

Ist das eigentlich nicht eine sehr vernünftige, gesunde Reaktion auf eine übermäßige Belastung?

Wozu ist es wichtig, die frühzeitigen Anzeichen zu kennen?

Denken Sie wieder an Ihren Traktor, und was passiert, wenn der beginnt einen Hang runterzurollen. Nimmt er gerade Fahrt auf, ist es noch leicht zu stoppen, kommt er so richtig in Fahrt, dann braucht es viel mehr Aufwand, einen wesentlich längeren Bremsweg und dadurch bedingt einige Verschleißerscheinungen.

Das ist beim Mensch nicht anders. Wie so oft ist es einfacher, eine solche Entwicklung zu unterbrechen, wenn sie gerade beginnt.

Signale des Ausbrennens

Leise Signale:

- Einschlaf- oder Durchschlafschwierigkeiten,
- stark verspannter Körper,
- zunehmende Zerstreutheit, Vergesslichkeit („Filmrisse“) und Flüchtigkeitsfehler,
- Verzettelung in Kleinigkeiten, Verlegen von Gegenständen, Arbeit vor sich herschieben,
- gereizt, dünnhäutig fühlend.

Reagieren wir nicht auf diese ersten Signale, erhalten wir deutlichere Botschaften.

Lautere Signale:

- Andauernd überhastet und überlastet sein, mit ständiger innerer Unruhe und Nervosität,
- Verbitterung, Abneigung gegen die eigene Arbeit,
- zunehmende Schwierigkeit, anderen zuzuhören,
- Unfähigkeit zu entspannen,
- keine Entscheidungen oder Fehlentscheidungen treffen,
- abflauendes Interesse an anderen, Fernbleiben von Anlässen und Feiern.

Oft werden erst die deutlichen körperlichen Anzeichen beachtet oder ein Unfall oder eine schwerwiegende Krankheit erzwingen ein Innehalten.

Laute Signale:

- Erhöhte Reizbarkeit, Zorn und Gefühlsausbrüche, Neigung zu Tränen,
- anhaltende Müdigkeit bei ständiger Schlaflosigkeit,
- erhöhte Anfälligkeit für körperliche Erkrankungen und Infektionen,
- Bluthochdruck, Herzrasen, Hörsturz, unspezifische Schmerzen,
- auffälliges beleidigendes Verhalten, Beziehungsabbrüche,
- erhöhter Alkoholmissbrauch,
- diffuse Angst, Gefühl von Hilflosigkeit und Kontrollverlust.

Tipp am Rande: Erholungsunfähigkeit

Lässt dieses Wort Sie aufhorchen? Haben Sie in der letzten Zeit beobachtet, dass sie nach der Arbeit immer weniger gut abschalten können? Das ist ein Frühwarnzeichen, das sich massiv auf Leistungsfähigkeit, Ihren Schlaf und Ihre Beziehungen auswirken kann. Da Sie als Landwirt oftmals Arbeit und Zuhause unter einem Dach haben, liegt hier eine besondere Gefahr. Man muss vielleicht einen kleinen Aufwand betreiben, um wirklich eine Trennung zwischen Arbeit und Feierabend hinzubekommen. Machen Sie nach dem Arbeiten bewusst einen kurzen Gang über den Hof, nehmen Sie sich vor, mit den Arbeitskleidern auch die Gedanken an die Arbeit abzulegen, machen Sie sich am Ende eines Arbeitstages Notizen, was Sie am nächsten Tag machen wollen, was Sie nicht beenden konnten und was Sie sich sonst noch merken wollen.

Was das Feuer nährt und was es wehrt

Stress

Ein Burnout will darauf aufmerksam machen, dass schon eine Weile etwas nicht richtig läuft. Aber geht uns nicht allen mal etwas gegen den Strich? Führt das immer gleich zum Ausbrennen? Haben wir nicht alle mal mehr oder weniger Stress?

Das Ausbrennen ist nicht gleich Stress, dennoch gehört Stress zum Ausbrennen wie das Ei zur Henne.

Stress entsteht dann, wenn eine Anforderung auf einen Menschen zukommt, auf die er reagieren muss und er keine Lösung findet. Eine Rolle spielt dabei vor allem die persönliche Einschätzung der Frage: *„Kann ich mit dem umgehen, was da von mir gefordert wird?“* Stress ist immer ein Wechselspiel zwischen Person und Umwelt.

Der Mensch ist dazu gemacht, Höchstleistungen zu bringen und auch Zeiten erhöhter Anstrengung auszuhalten solange ein Gleichgewicht zwischen Anspannung und Entspannung besteht.

Nicht jede Anforderung bringt den Menschen unmittelbar aus dem Gleichgewicht. Der Mensch braucht angemessene Belastungen, um ins Handeln zu kommen. Anforderungen, die unsere derzeitigen Möglichkeiten übersteigen, bringen uns dazu, uns weiterzuentwickeln.

Es spricht überhaupt nichts dagegen, sich ab und an zu verausgaben, wenn nun eben Heuernte ansteht oder der Melkroboter ein paar Nächte Beobachtung verlangt, wenn Sie an einer neuen Maschine tüfteln, ein neues Vermarktungssystem einführen oder den Betrieb umstellen.

Burnoutprozesse kommen dann in Gang, wenn Stress nicht beendet werden kann, nämlich dann, wenn die Beanspruchungen übermäßig sind und nicht mehr enden. Schließlich befindet sich der Körper ständig in erhöhter Alarmbereitschaft. Dieser Dauerstress ist körperlich schädlich und kann Krankheiten oder Unfälle verursachen.

Das gilt für große Projekte genauso wie für den Alltag. Wenn nämlich der Winzer noch Zwetschgenbäume pflanzt, die im August zu ernten sind, um die Rendite zu erhöhen, wenn im Winter Lastwagen gefahren wird, um einen Zusatzverdienst reinzuholen, wenn nachts um 12 immer noch die Traktoren im Scheinwerferlicht über den Acker brummen, ist irgendwann der Rhythmus der Natur, dem die Landwirtschaft früher noch folgen musste, außer Kraft gesetzt und alle natürlichen Pausen und Pufferzeiten verbaut.

Auslöser für Überlastungen in der Landwirtschaft

Es ist nicht einfach, ganz klare Ursachen für ein Burnout auszumachen. Um uns herum gibt es unterschiedliche Einflussfaktoren auf unser Wohlbefinden und Stressempfinden. Manches haben Sie selbst in der Hand, bei anderem sind die Einflussmöglichkeiten eher gering.

Kennen Sie diese Auslöser, können Sie in gesundem, ausgeruhten, entspannten Zustand überlegen, wie damit umgehen und vielleicht, wenn möglich, dem einen oder anderen aus dem Weg gehen. Dabei gibt es drei Punkte zu beachten:

- In den allermeisten Fällen gibt es nicht einen Auslöser, der zum Burnout führt, sondern eine Kombination aus mehreren Faktoren.
- Das Ausbrennen kommt dann in Gang, wenn Dauerstress entsteht, wenn ein oder unterschiedliche Auslöser dafür sorgen, dass Sie nicht mehr zur Ruhe kommen.
- Das Ausbrennen kann durch äußere Faktoren (ständiger Arbeitsdruck) und auch durch innere (der Anspruch, es allen recht machen zu wollen oder der Wunsch, alles perfekt zu machen) ausgelöst werden oder durch beide.

Um das besser zu verstehen, wollen wir einige typische Auslöser in der Landwirtschaft genauer betrachten:

Wenn die Bilanz nicht stimmt: Mangel an positivem Feedback, Wertschätzung, Belohnung

Arbeit und (Be)lohn(ung) sind ein Tauschgeschäft, sie leisten etwas und bekommen dafür etwas. Leisten Sie viel und bekommen weniger als erwartet, entsteht ein Missverhältnis zwischen hohen beruflichen Verausgabungen und geringen beruflichen Belohnungen wie Wertschätzung, Anerkennung, Lohn oder Existenzsicherheit. Am Anfang führt das zu Frust. Bleibt das Missverhältnis bestehen, entsteht eine (Belohnungs-) Krise, und das führt zu Stress, körperlichen und psychischen Krankheiten und Burnout (Sigrist, 2015).

Was bedeutet Belohnung und Wertschätzung in der Landwirtschaft? Wer den ganzen Tag schafft und schuftet, sollte davon leben können. Weiterhin sollten Sie in der Lage sein, sich durch das Arbeiten eine gesicherte Zukunftsperspektive zu schaffen. Beides ist in der Landwirtschaft nicht sicher gegeben. Die sinkenden Preise für landwirtschaftliche Produkte erschweren das Überleben aus der Landwirtschaft, Gesetzgebung und Bürokratisierung machen vor allem Kleinbauern zunehmend die Existenz schwer. Manche neue Regelung wirft die Frage auf: *„Und wo sind wir morgen?“*

Und wie sieht es auf den Höfen zwischenmenschlich aus? *„Nicht geschimpft ist genug gelobt!“* Dieser Satz ist gewohnter Umgang auf vielen Höfen. Vom Chef oder Vater Anerkennung zu erhalten, ist kaum vorstellbar. Die Arbeit im Haushalt wird oft als selbstverständlich angenommen. All das sind Beispiele mangelnder Belohnung, fehlender Anerkennung und Wertschätzung.

Mangelnde Wertschätzung – Was kann ich tun?

Im Betrieb:

- Im Umgang miteinander, innerhalb des Betriebes für mehr Wertschätzung sorgen: dem Sohn, Auszubildenden, Vater, der Frau Anerkennung zeigen.
- Ziele und Zwischenziele setzen, gemeinsam Erreichtes beachten (gesäten, gepflügten Acker, neue Maschinenhalle), ein neues Produkt zusammen verkosten, die Herde betrachten,
- oder auch einmal alleine am Rand des Ackers stehen und sich innerlich auf die Schulter klopfen.

Im Umfeld:

- persönliche Kundenbindung fördern, um in Kontakt zu sein zu denen, für die man produziert. Die andere Seite der Medaille, des „Wissen, wo's herkommt!", ist das „Wissen, wo's hingeht!",
- sich mit anderen Produzenten und Kollegen zusammenschließen, um zu fachsimpeln, gemeinsam zu politisieren, sich fort- und weiterbilden, um ein eigenes Gefühl von Kompetenz zu entwickeln,
- bei Führungen über den Betrieb sich bestaunen lassen.

Anhand dieser Beispiele fällt Ihnen vielleicht auch etwas ein, wodurch Sie Ihre Belohnung etwas vergrößern können.

Wenn die Arbeit nie endet: Entgrenzung der Arbeit

Nicht abschalten können, ist ein klares Merkmal für einen Überlastungsprozess. Viele Landwirte haben die Einstellung, Nicht-Abschalten können gehöre zur Landwirtschaft wie die Milch in den Kaffee. Landwirtschaft, das ist ein Beruf, der das Privatleben stark beeinflusst. Manche sagen, es ist kein Beruf, es ist eine Lebensform.

Entgrenzung der Arbeit – Was kann ich tun?

Überhaupt keine Arbeit mit nach Hause nehmen, ist nicht realistisch. Wer mit Tieren arbeitet, wird immer eine gewisse Allzeitbereitschaft brauchen. Diese Bereitschaft lässt sich aber auch aufteilen. Wer delegieren kann, darf ab und zu ein freies Wochenende genießen, zudem kann man sich Zeiten einräumen, in denen die Arbeit nichts zu suchen hat: beim Essen zum Beispiel. Erinnern wir uns daran: Es gab auch Zeiten, in denen man ohne Handy auskam und schließlich gibt es Mailboxen. Also Mut dazu, das Handy in der Mittagspause auszuschalten.
Und für diejenigen, deren Arbeit der Haushalt ist? Schaffen Sie sich einen arbeitsfreien Raum und nutzen Sie den? Wie viele landwirtschaftliche Familien nutzen das Wohnzimmer höchstens zum Wäsche ablegen?

Von daher liegen die Checklisten auf dem Stubentisch und das Smartphone neben dem Teller. Beim Abendessen kann man schnell noch die Aufgaben für den nächsten Tag verteilen, und der Wecker wird nachts gestellt, um nach einer Kalbung zu schauen.

Für die Gummistiefel und die Arbeitsjacke hat fast jedes Bauernhaus eine Schmutzschleuse, die Arbeit wird jedoch am Abend mit in die Stube genommen. Bei nicht wenigen folgt sie auf den Fuß ins Bett und hält dort hartnäckig vom Schlaf ab.

Wenn nie Stillstand ist: wachse oder weiche!

Der Spruch „*Wachse oder weiche!*" ist vielleicht der größte Fluch der Landwirtschaft. Dazu kommt: „*Stillstand ist Rückentwicklung!*" und ähnliche Parolen, die wie dunkle Wolken über den kleinen und mittelständigen Betrieben liegen. Wer nicht mitmacht, geht unter. Das macht Angst, und sie ist eine enorme Antriebskraft. Da werden Warnzeichen und Überlastungsanzeichen übersehen, um den „Marktgesetzen" zu folgen.

Es ist allerdings nicht immer nur viel Arbeit, auch die fehlende finanzielle Freiheit, die fehlenden freien Entscheidungsmöglichkeiten sowie die Zinsfalle drücken auf das Gemüt.

Vielleicht läuft der Betrieb gut, ist gut organisiert, aber das Geld reicht hinten und vorne nicht, schon gar nicht mehr, um etwas anderes oder Neues anzufangen?

Wachse oder weiche – Was kann ich tun?

Neben dem groß und größer gibt es das Schlagwort: „*Bleibe klein und besonders!*" Dafür muss man sich kennen und seinen Betrieb. „*Was können wir gut?*" Ehrlich sein bei der Frage „*Bis wohin reichen meine Kapazitäten?*" oder auch „*Mit wem können wir uns zusammentun?*"
Sich Unterstützung und Hilfe suchen: bei einer Beratung, die helfen kann, den Betrieb und die Kapazitäten zu bilanzieren und auch den Mensch einbezieht und so die optimale (nicht maximale) Betriebsstruktur für genau Ihren Betrieb entwickeln hilft.

Wenn ich dauernd vom einen zum anderen springen muss: Verzettelung

An einem Punkt ähneln sich Haushaltsführung und Landwirtschaft besonders: Es gibt immer etwas zu tun, das bedeutet: Neben dem Haushalt eines landwirtschaftlichen Betriebes arbeiten Sie auf diesem selbstverständlich mit und haben vielleicht noch Ihren Halbtagsjob außerhalb versteht sich. Abwechslungsreiche Arbeiten sind gut und gesund, es gibt allerdings auch ein Zuviel des Guten. Wo man viele Baustellen hat, kann man sich leicht verzetteln. Man vergisst schnell, wird nirgendwo fertig und hat wenig Möglichkeit, sich auf eine Sache richtig zu konzentrieren.

Das beansprucht einen riesigen Gedächtnisaufwand – und verursacht Gerenne, weil Sie den Kuchen im Ofen, die Melkanlage, die Güllepumpe, den Herd ... vergessen haben. Hier winkt Unfallgefahr. Das gilt für die Männer mindestens genauso wie für die Frauen.

Verzettelung – Was kann ich tun?

Eins nach dem anderen. Hier ist Planung das Zauberwort, auch für den Haushalt. Machen Sie sich einen Wochenplan und klare Tagespläne, teilen Sie sich bestimmte Zeiten für bestimmte Aufgaben ein und bleiben Sie dran. Zugegeben, im Haushalt und auch in der Landwirtschaft ist das nicht grenzenlos möglich. Beobachten Sie sich selbst, wie viele Aufgaben Sie auf einmal erledigen können. Zwei, drei? Dann verschieben Sie die vierte Aufgabe auf später und notieren Sie sich das! Übrigens auch Pausen kann man in solche Listen eintragen!

Wenn ich eigentlich nicht weiß, wie: Aufgaben, die meine Kompetenz übersteigen

Nichts ist beständiger als der Wandel, sagt man, und Landwirte können ein Lied davon singen. Die landwirtschaftliche Technik entwickelt sich ständig weiter, auch im Büro bekommen Sie das zu spüren. Andauernd gibt es neue Richtlinien. Neben Pflanzenschutzrichtlinien müssen Sie sich um die EU-Verordnungen kümmern. Gab es einmal Flächenausgleichsregelungen, geht es heute um Greening. Würden sich nur die Namen verändern, wäre das ja eins, aber wann sollen Sie denn die Zeit finden, sich mit den Computerprogrammen auseinanderzusetzen? Arbeiten, die die Kompetenz übersteigen, machen Stress. Das Gefühl, dem nicht gewachsen zu sein, was von mir gefordert wird, wirkt sich auf das Selbstwertgefühl aus, verursacht Unsicherheit sowie Angst und raubt Zeit und Schlaf.

Aufgaben, die meine Kompetenz übersteigen – Was kann ich tun?

Investieren Sie Ihre Zeit und Ihr Geld sinnvoll. Lassen Sie sich beraten, besuchen Sie Kurse, delegieren Sie Aufgaben an Experten, die Sie selber nicht erledigen können. Beziehen Sie Ihren Junior mit ein. Verteilen Sie die Aufgaben auf dem Betrieb weniger nach der Hierarchie als nach den Kompetenzen, auch wenn das bedeutet, dass Sie die Schwiegertochter fragen müssen, wie es um die Finanzen steht.

Wenn der Tag nur 24 Stunden hat: atemlos durch den Tag

Ach, wie schön ist die Selbstständigkeit. Keiner sagt mir, wann der Tag beginnt und wann er endet. Ich kann selbst entscheiden, wann ich Pausen mache und mir die Arbeit nach Lust und Laune einteilen.

Meistens bedeutet das, dass ich ohne Frühstück in den Stall gehe, die Pause auslasse, das Mittagessen im Stehen in mich hineinschlinge und nachts im Scheinwerferlicht nach dem Melken „noch schnell“ die restlichen zwei Hektar pflüge.

Atemlos durch den Tag oder auch die Nacht! Das geht mal, sollte aber nicht zur Regel werden, denn Pausen sind ein so essenzieller Bestandteil des Tagesablaufes wie die Arbeit selbst. Ohne Pausen läuft der Motor heiß und das führt unweigerlich zum Ausbrennen, sie geben neue Kraft, die weitere Arbeit anzugehen. Pausen geben auch die Möglichkeit, sich kurz selbst wahrzunehmen. Wie geht es mir? Wie viel kann ich noch? Was brauche ich, um den Tag gut weiter gestalten zu können?

Atemlos durch den Tag – Was kann ich tun?

Machen Sie sich einen Pausenplan! Wann gibt's Frühstück, Mittag, Kaffeetrinken? Wann ist Arbeitsbeginn und wann Feierabend, und machen Sie tatsächlich Pause in der Pause? Das heißt, lassen Sie die Finger von Formularen, Handy oder Putzlumpen. Natürlich gibt es immer Unvorhergesehenes – lassen Sie das die Ausnahme der Regel sein, und fragen Sie sich bei jedem anstehenden Pausenklau: „Muss das jetzt wirklich gleich passieren oder hat das Zeit bis nach der Pause / bis morgen?“ Wenn Pausen oder Feierabend aus verständlichen Gründen ausfallen: Holen Sie sie nach!

Grüne Idylle – Schutzfaktoren in der Landwirtschaft

Nach der Betrachtung der belastenden Gründe fällt es Ihnen vielleicht schwer, den Blick auf die andere Seite zu wenden. Fällt Ihnen genau das im Alltag nicht oft auch schwer? Hand aufs Herz: Wer kann in Momenten von Überlastung immer noch die guten Seiten an seiner Arbeitswelt schätzen? Sie? Herzlichen Glückwunsch! Das ist gar nicht so einfach, aber gesund.

Können Sie diese Seite gerade nicht sehen, sehen Sie vor lauter Arbeit die Blumenwiese nicht, Ihre Ziele vor lauter Alltagsgeschäften nicht mehr, dann lassen Sie erst einmal die Finger von zusätzlichen Projekten. Dann ist es zunächst einmal an der Zeit, sich um sich selbst zu kümmern, der erste Schritt dazu: Pause einlegen, Kraft sammeln.

Sinnstiftende Arbeit – Arbeit kann gesundheitsfördernd sein

Lesen Sie die folgenden Aussagen – und überlegen Sie, welche auf Ihre Arbeitssituation passt:

1. Mein Arbeitsalltag ist abwechslungsreich, ich habe unterschiedliche Aufgaben zu erledigen.
2. Ich kann bei meiner Arbeit selbstständige Entscheidungen treffen und habe einen ausreichenden Handlungsspielraum.
3. Ich sehe die Ergebnisse meiner Arbeit, das Produkt sozusagen.
4. Während meiner Arbeitszeit bin ich viel in Bewegung.
5. Einen Teil meiner Arbeitszeit verbringe ich an der frischen Luft.
6. Ich kann mir meinen Arbeitstag weitgehend frei einteilen.
7. Ich trage Verantwortung, die meiner Kompetenz entspricht.
8. Ich habe Einfluss auf das, was ich tue und arbeite selbstbestimmt.
9. Mein Beruf gibt mir Sinn, ich identifiziere mich mit meinem Beruf.
10. Ich spüre bei meiner Arbeit, dass ich etwas kann und Dinge erreiche, die ich erreichen will.

Wie viele Fragen haben Sie abnicken können?
Je mehr Sie zu diesen Punkten nicken, desto mehr gesundheitsfördernde Aspekte hat Ihr Arbeitsalltag (Burisch, 2015). Große Firmen bemühen sich und geben Unmengen an Geld aus, um genau diese Aspekte in den Arbeitsalltag ihrer Mitarbeiter aufzunehmen. Sie haben gelernt, dass das günstiger ist als all die Krankheitstage, die durch Überlastungen und Unfälle aufgrund von Konzentrationsstörungen verursacht werden.
Bei den Punkten, die für Sie nicht zutreffen – fragen Sie sich, was Sie ändern und gestalten können, um mehr davon in Ihren Alltag aufzunehmen.

Ene, mene, miste und aus(gebrannt) bist du…

Auch, wenn ein Burnout in der Regel in Zusammenhang mit äußeren Faktoren auftritt, ist nicht zu bestreiten, dass die Anfälligkeit für ein Ausbrennen bei Menschen unterschiedlich ist, das bedeutet: Sie nehmen sozusagen die Einladung zum Ausbrennen von außen unterschiedlich an und verstärken den Brand mit Ihren selbst gemachten brandfördernden Reaktionen.

Wer ist gefährdet? Man kann nicht von einer typischen Ausbrennerpersönlichkeit sprechen (Burisch, 2015), dennoch lassen sich Merkmale finden, die eine Anfälligkeit für ein Burnout erhöhen. Die gute Nachricht dabei ist: In den allermeisten Fällen handelt es sich nicht um angeborene und unveränderliche Eigenschaften, also, kein „*zu dünnes Nervenkostüm, gegen das man nichts machen kann*". Kann man!

Innere Merkmale, die den Einstieg in das Ausbrennen begünstigen können:

- Überhöhte Erwartung an sich selbst, an andere und an die Arbeit, Perfektionismus,
- anderen alles recht machen wollen, dabei eigene Bedürfnisse unterdrücken,
- hohe Bereitschaft, sich zu verausgaben,
- fehlende Fähigkeit, sich zu entspannen, zu genießen, zu regenerieren,
- wenig entwickelte Kommunikations- oder Kritikfähigkeit, Vermeiden von Konflikten,
- starke Angst vor Ungewissheit und Veränderungen,
- Arbeit als einzig sinngebende Beschäftigung im Leben.

Starke Menschen auf dem Land

Bei den Risikofaktoren müssen wir zum Glück nicht stehen bleiben. Auch Sie haben sicher schon Situationen erlebt, die hohe Anspannung erzeugt haben, und sind dabei nicht zusammengebrochen, vielleicht ein Schicksalsschlag – und dennoch haben Sie weitermachen können – oder ein großes Projekt, eine Stallbauphase mit Zeiten mit wenig Schlaf, nach der Sie sagen konnten: *„Und irgendwie bin ich daran gewachsen!“* Was hat Ihnen da geholfen? Was hat Sie gegen Stress und Überlastung gepuffert?

Im Folgenden finden Sie Ideen für einige der wichtigsten Fähigkeiten für Widerstandskraft.

Es gibt unterschiedliche Faktoren, die die innere Widerstandskraft stärken. Widerstandskraft ist keine angeborene Eigenschaft. Sie können das lernen.

Klaus, der sich Hilfe sucht

Es ist Mai, Heuernte steht an. Klaus hat im Winter noch Flächen am Hang hinzupachten können. Als er sie mähen will, merkt er, dass das mit seinen Maschinen nicht geht. Was soll er machen, bei dem unbeständigen Wetter muss er ran. Da fällt ihm Hannes ein. Der alte Nachbar hat immer so begeistert vom Bergheuen erzählt. Hannes kommt mit seinem kleinen alten Traktor und währenddessen hat Klaus schon ein paar Jungs seiner Fußballmannschaft zusammengetrommelt, die nun mit den Rechen parat stehen. Danach gibt es ein gemeinsames Vesper, das ist fast wie ein Fest.

→ **Die Fähigkeit, förderliche Beziehungen einzugehen, und sich im Fall der Fälle Unterstützung zu organisieren**, liefert einen Schutz gegen das Abrutschen in Stresssituationen. Das i-Tüpfelchen, das oftmals schon im Vorhinein vor Stresserleben bewahrt, ist die Fähigkeit, diese Unterstützung auch wahrzunehmen und zu erleben.

Tanja, die Dinge anspricht

Tanja ist nun auf den Hof gezogen. Die ersten Tage und Wochen sind verwirrend, alle sind am Schaffen, am Machen und Tun. Sie versucht sich zurechtzufinden und zu verstehen, was ihre Aufgaben sind, was sie leisten, tun und machen kann, aber das fällt ihr nicht leicht. Als sie wahrnimmt, dass ihr das alles über den Kopf wächst, fasst sie sich ein Herz: Sie lädt die ganze Hofbelegschaft zu einer Arbeitsbesprechung ein.

→ **Mit Problemen und Schwierigkeiten offensiv umgehen** schafft sie aus der Welt und verringert das Brodeln im Hintergrund, was einen so oft nicht zur Ruhe kommen lässt. Offensiv bedeutet: darauf zugehen, Dinge anzusprechen, Schwierigkeiten zu lösen versuchen, anstelle ihnen aus dem Weg zu gehen.

Herbert, der andere Wege gehen kann

Herbert schüttelt Achim die Hand. Das ist nun der zweite Sommer, dass Achim seinen Hof bewirtschaftet. Der eigene Sohn musste nach zwei Jahren aufgeben, als eine seltene Muskelkrankheit diagnostiziert wurde. Mit 67 musste Herbert den Hof wieder selbst machen, zugleich nach einem Nachfolger suchen und dann noch einen Fremden auf dem Hof aufnehmen. Das hatte er sich anders vorgestellt. Für einige Zeit fällt es ihm nicht leicht, am Morgen aufzustehen und den Tag anzugehen. Aber dann hat er die Ärmel hochgekrempelt, sich an die Arbeit gemacht und sich einen neuen Nachfolger gesucht.

→ Wen Gegenwind zu stark frustriert, der wird leicht umgeblasen. Frust ist eine natürliche Reaktion auf gravierende deprimierende Veränderungen im Leben und darauf, dass etwas nicht so funktioniert, wie man sich das vorgestellt. **Frust auszuhalten / tolerieren** und dennoch wieder ins Handeln zu kommen, bewahrt davor, aus einer solchen Situation in eine Abwärtsspirale zu geraten.

Marlies, die sich über Neues freut

Marlies (die Frau von Herbert) hat es mit der Situation einfacher gehabt. Als Achim und Anna zum ersten Mal auf den Hof kamen, spürte sie den frischen Wind. Klar, die eigenen Enkel auf dem Hof zu sehen, das hatte sie sich immer gewünscht, aber dieses junge Paar gefiel ihr gut. Sie konnte sich gut vorstellen, Anna die Ziegen und den Hofladen zu überlassen. Als sie während der Milchkrise von Kuh- auf Ziegenhaltung umstellten, war durch all das Neue auch viel Spannendes auf den Hof gekommen.

→ Das Leben ist nicht immer gradlinig, manchmal kommt es anders als man denkt. Nichts ist konstanter im Leben eines Menschen als Veränderungen. **Offen sein für Veränderungen,** Gewohnheiten loslassen und Gefallen am frischen Wind finden hilft, sich auf Neues einlassen zu können und spart die Zeit und Kraft, die man aufwenden würde, wollte man an Altem festklammern.

Lydia, die weiß, wo ihr Platz ist

Lydia schaut über den Hof. Die Gäste vom Hoffest sind schon gegangen – das Grüppchen Helfer sitzt schwatzend in der Sonne. Da sind ihre Eltern, ihr Mann, die Kinder, die nächsten Nachbarn, ein paar Schulfreunde und der ein oder andere treue Kunde dabei. Menschen, die den Hof lieben, und bei denen Lydia sich wohlfühlt. Menschen, die ihr Halt geben, die da sind zum Spaß haben – und zum Helfen. Dankbar lächelt sie und denkt, dass sich hierfür alle Anstrengung lohnt. Sie geht hinaus und setzt sich dazu: *„Genau hier gehöre ich hin!“* denkt sie bei sich.

→ **Zugehörigkeitsgefühl.** Zugehörigkeit gibt Halt. Wenn man Menschen fragt, was genau Heimat bedeutet, dann sprechen viele davon, dass das dort ist, wo die Menschen sind, die ich liebe. Zugehörigkeit kann man pflegen. Wo gehören Sie dazu? Welches sind die Menschen und die Situationen mit diesen Menschen, die Ihnen das Gefühl geben: *„hier gehöre ich hin“?* – Darf es davon etwas mehr sein? Das haben Sie in der Hand.

Wenn es nirgendwo mehr weiter zu gehen scheint

Vielleicht haben Sie nun das Gefühl, dass Ihnen alle diese Ideen nicht helfen? Sie haben schon so viel probiert und Ihre Probleme sind tatsächlich so groß, dass es sich nicht mehr zu lohnen scheint, dagegen anzukämpfen. Vielleicht wissen Sie tatsächlich nicht mehr aus noch ein und hegen den Wunsch, nicht mehr zu sein.

Ich bin mir sicher: Es gibt eine bessere Lösung. Allerdings ist die für Sie in diesem Moment nicht sichtbar. Lassen Sie sich helfen, sie wieder zu sehen!

Wenn sie kurz davor sind auszusteigen, rufen Sie ein Taxi oder Ihren Hausarzt und lassen sich ins nächste Krankenhaus bringen. Sie müssen dort nicht viel erklären. Wenn Sie in Ihrem Zustand auch nur noch ein *„Ich kann nicht mehr!“* über die Lippen bringen, müssen Sie

Für alle diejenigen, die jetzt denken, aber ich kann doch hier nicht weg, fragen Sie sich so hart das klingt: Wie lange können Sie noch auf den Beinen bleiben, wenn Sie sich nicht helfen lassen?

aufgenommen werden. Mindestens ein beratendes Gespräch und eine Hilfestellung für die Suche nach einem Ort, der für Sie im Moment der richtige ist, werden Sie dort antreffen.

Alternativ gelten natürlich die Notfallnummern 110 und 112.

Als landwirtschaftlicher Unternehmer, mitarbeitender Ehegatte oder eingetragener Lebenspartner steht Ihnen im Fall einer stationär ärztlichen Behandlung oder Arbeitsunfähigkeit Betriebshilfe zu. Sie wird von der landwirtschaftlichen Krankenkasse, der landwirtschaftlichen Berufsgenossenschaft oder der landwirtschaftlichen Altenkasse gestellt.

Es genügt, wenn der Antrag zunächst formlos vor dem Einsatzbeginn erfolgt, das können Sie oder einer von Ihren Angehörigen sogar telefonisch erledigen.

Natürlich haben Sie als Betriebsleiter Sorge, dass der Betrieb unter Ihrer Abwesenheit leidet, doch auch da können Sie vorsorgen, zum Beispiel hat die Landesanstalt für Entwicklung der Landwirtschaft in Baden-Württemberg die Broschüre Notfallcheck herausgegeben. Hier können Sie von Vollmachten bis hin zu Schlüsselverstecken alles eintragen, was Ihrer Familie oder einem Betriebshelfer hilft, den Betrieb in Ihrer Abwesenheit so gut wie möglich weiterzuführen.

Wissen Sie andererseits, dass Sie lieber reden wollen, rufen Sie die Telefonseelsorge an, diese ist 24 Stunden unter der Nummer 08001110111 und 08001110222 zu erreichen. Es gibt auch spezifischere Sorgentelefone und Beratungsstellen, zum Beispiel für Menschen in der Landwirtschaft oder Menschen mit Selbsttötungsgedanken.

Sinnvoll ist es, in einer ruhigen Minute und nicht erst im Brand nach den geeigneten Nummern zu suchen und diese an einer gut erreichbaren Stelle zu lagern.

Wenn es nicht um Sie geht

Vielleicht lesen Sie dieses Kapitel nicht, weil es Sie selbst betrifft, sondern weil ein Ihnen naher Mensch gerade an einer Kante entlangschrammt. Sie nehmen Gereiztheit, Ungeduld und Flüchtigkeitsfehler wahr, das ganze Programm eben. Sie haben den Eindruck, da ist jemand in Gefahr, doch der sieht das nicht selber, und wenn, dann würde er es niemals zugeben.

Wenn's nicht um Sie geht

Was ist zu tun, wenn Menschen in unserer Umgebung mit 100 Sachen auf eine Wand zurasen.

- Wichtig ist es, dem Betroffenen Informationen zum Thema Ausbrennen zugänglich zu machen. Häufig ist es einfacher anzunehmen, wenn man etwas in einem Buch oder auf einem Merkblatt liest, als es von der Partnerin gesagt zu bekommen.
- Drängen Sie nicht direkt auf Veränderungen und Taten, vermeiden Sie Aufmunterungen und gut gemeinte Ratschläge. Versuchen Sie andererseits, wenn möglich, die Planung neuer Projekte aufzuschieben.
- Benennen Sie, was Sie an dem Betroffenen wahrnehmen, wenn möglich ohne Vorwürfe.
- Hören Sie zu, wenn der Betroffene berichtet, und nehmen Sie ihn in seiner Wahrnehmung ernst. Kommt von ihm selber die Frage, was er tun kann, erwähnen Sie, dass es professionelle Hilfe gibt.
- Und: Bringen Sie sich ab und zu aus der Schusslinie! Machen Sie Pausen, leisten Sie sich Auszeiten in einer feuerfreien Zone. Achten Sie auf ihre eigene psychische und physische Gesundheit.

Gegen das Ausbrennen

Wenn es brennt, muss man löschen. In den vorherigen Kapiteln haben Sie Anregungen dazu gefunden, was Sie tun können, wenn die Überlastung schon schwer auf Ihnen lastet.

Sie können aber auch einiges tun, um die Brandgefahr zu verringern. Im Folgenden stelle ich Ihnen drei Fragen vor, die, regelmäßig gestellt und gewissenhaft beantwortet, einen Schutz vor Überlastung und deren Folgen darstellen können (Bandura, 2004).

1.) Wer bin ich?

Eine Klarheit über die eigene Identität stärkt die Widerstandskraft und das Selbstwertgefühl: sich selber kennen, seine Fähigkeiten, seine Schwächen, seine Vorlieben und Abneigungen, die Fallen, in die man gerne tritt, die Warnsignale, die einem sagen, wann es zu viel ist, das Bauchgefühl, auf das man sich verlassen kann. Sich selber zu kennen ist vielleicht die wichtigste Eigenschaft, die einen widerstandsfähiger macht.

2.) Was will ich?

Ziele mobilisieren Energie, erhöhen Tatkraft und Leistungsfähigkeit. Wer weiß, wofür er etwas tut, ist motiviert. Und wer weiß, wo er hin will, kann den Weg dorthin auch leichter finden. Das Ausbrennen kann eine Warnung sein, dass man seine Ziele aus den Augen verloren hat.

Ziele verändern sich im Laufe der Zeit. Wichtig ist, sich immer wieder einmal Zeit zu nehmen, seine Ziele zu überprüfen, sich für erreichte Ziele auf die Schulter zu klopfen, neue zu formulieren und überfällige loszulassen. Der Jahresbeginn bietet dafür eine gute Chance, auch kann die Planung des neuen Wirtschaftsjahres zum Anlass genommen werden, Ziele auf den Prüfstand zu stellen.

3.) Wie erreiche ich meine Ziele besonnen und ohne auszubrennen?
Hinter dieser Frage verbirgt sich das ökonomische Prinzip des optimalen, heißt sparsamen Umgang mit den eigenen Ressourcen. Eine der wichtigsten haben wir hier noch kaum angesprochen: ein gesunder und vitaler Körper. Durch Dauerstress entsteht eine chronisch erhöhte Ausschüttung von Stresshormonen, was wiederum Auswirkungen auf den Stoffwechsel hat. Es wird vermehrt Eiweiß abgebaut, der Blutzuckerspiegel und die Blutfette steigen an, umgangssprachlich spricht man von Übersäuerung, was wiederum die Gefahr für Herz-Kreislauf-Erkrankungen erhöht. Auch die Reaktionsfähigkeit des Immunsystems ist herabgesetzt, sodass eine stärkere Entzündungsanfälligkeit entsteht. Der Körper hat also einen erhöhten Bedarf an Vitalstoffen, Mineralien und Vitaminen, das bezieht sich insbesondere auf die Vitamine C, D, B und auf Magnesium. Noch dazu schenken wir in Zeiten hoher Arbeitsbelastung unserer Gesundheit und Ernährung oft sehr wenig Beachtung. Wir haben schlichtweg keine Zeit.

Dabei sollten gerade Landwirte wissen, wie wichtig körperliche Gesundheit für die Bewältigung alltäglicher Herausforderungen ist – die Kühe bekommen ja auch eine exakt berechnete Futtermittelration.

Vitalität und Fitness erhalten

Von falscher Ernährung und fehlender Bewegung bekommt niemand einen Burnout – sie verstärken jedoch die Symptome von Stress und belasten den Körper zusätzlich. Achten Sie auf Ihre Ernährung – besonders in Zeiten erhöhter Anforderungen:

- **Reduzieren Sie das Rauchen und den Alkoholkonsum** – das zehrt an Ihrem ohnehin belasteten Körper.
- **Stress ist nicht allein durch Entspannung abbaubar** – machen Sie hin und wieder einen flotten (wenn auch kurzen) Spaziergang – das baut Stresshormone ab und lüftet den Kopf durch.
- **Bewegen Sie sich – auch über den Spaziergang hinaus**: joggen, walken oder für den belasteten Rücken Gymnastik machen; eigentlich sollten 20 Minuten am Tag drin sein!

- **Trinken Sie ausreichend** – vor allem Wasser.
- **Essen Sie regelmäßig!**
- **Ihr Bedarf an Vitamin C ist erhöht:** Essen Sie schonend zubereitete vitalstoffreiche Nahrung, zum Beispiel Salate, rohes Gemüse und Obst.
- **Sie brauchen Kraft**: Essen Sie möglichst wenig verarbeitetes Getreide und Gemüse als kohlenhydratliefernde Beilage anstelle von verarbeitetem Getreide in Form von Nudeln oder Weißbrot.
- Benutzen Sie anstelle von tierischen Fetten Olivenöl und mehrfach ungesättigte Pflanzenöle.
- **Sie benötigen Eiweiß** – Hülsenfrüchte, Quark, Käse, Fisch und Geflügel sind dafür gute Lieferanten.
- Knabbern Sie Sprossen, Nüsse und Trockenobst statt Chips, somit verzichten Sie nicht auf Zwischenmahlzeiten und tun sich zugleich etwas Gutes.

Nie wieder Brandgefahr?

Brandschutz ist ein fortwährender Prozess. Selbst wenn Sie alle Maßnahmen beachtet haben, tun Sie gut daran, einen funktionierenden Feuerlöscher an gut erreichbarer Stelle im Haus zu haben. Ähnlich ist das beim Umgang mit Überlastungen. Das ist ein Weg, der wahrscheinlich nie ganz endet. Immer wieder werden Anpassungen an sich verändernde Bedingungen notwendig sein, immer wieder gilt es, auf der Spur zu bleiben und zu fragen: *„Bin ich auf dem rechten Weg? Wie geht es mir?“*

Vielleicht hat das Lesen dieses Kapitels Ihnen Angst gemacht, vielleicht hat Sie das ein oder andere in diesem Buch bedrückt oder aber haben Sie auch schon ein paar Ideen in ihren Alltag mitnehmen können. Wenn nicht, dann tun Sie das jetzt!

Das Ausbrennen kostet viel! Es ist eine unerträgliche Beeinträchtigung der Lebensqualität – Sie können etwas dazu tun, um sich und die Sie Umgebenden zu schützen! Tun Sie es!

Jetzt!

8

Miteinander

Weil es gemeinsam besser geht

Miteinander

Willsch schnell ändere was dich bloget
Doch kannsch it ohne die andere gfroget
Es muss mitenander vorwärts gau
Sunsch blibsch am Schluß allei du stau
Drum nimm dich selber au mol weng zruck
Gib für's mitenander dir au mol en Ruck

Setz dich i für Heimat und Stand
No hemers gut do uf em Land
Bau du immer wieder e neue Bruck
Denn statt mitenander gegenenander
Sel fürt zruck.

Bure zum Alange (2005)

Damit stehen Sie am Ende unseres Buches.
Wir haben das letzte Kapitel bewusst „*Miteinander – weil es gemeinsam besser geht!*“ überschrieben. Nicht weil es unbedingt einfach ist, gemeinsam ein Buch zu verfassen, sondern weil es uns alle bereichert hat, denn keiner kennt die ganze Wahrheit. Es gibt für kein System eine Lösung, wenn nicht alle Aspekte einbezogen werden. Dazu gehört es, die Grenzen des einen Systems zu überschreiten und die Herausforderungen der anderen Systeme einzubeziehen. Wir haben beim Schreiben die Erfahrung gemacht, dass im Miteinander alle Perspektiven zusammenklingen. Nur viele Töne ergeben ein Musikstück und ein Konzert, der Zusammenklang versöhnt die verschiedenen Gesichtspunkte miteinander.

Zum Miteinander gehört auch das weitere Umfeld. Alleine hätten wir dieses Buch nicht zustande gebracht. Wir vier sind Teile weiterer Systeme, die ganz selbstverständlich die Arbeit an diesem Buch mitgetragen haben, und viel mehr noch als das, sie haben ihr Eigenes dazugegeben. Wir möchten daher herzlich und aufrichtig danken:

- Dem Verlag Eugen Ulmer für die Idee, den Auftrag und die Begleitung,
- allen zitierten Autoren für die Grundlagen, die sie mit ihren Werken bereitstellen,
- den Bure zum Alange für die „Titelmusik“,
- unseren Kollegen für vielfältige Anregungen und fachlichen Austausch,
- unseren Seminarteilnehmern, Zuhörern und Klienten für ihre Offenheit und Resonanz,
- unseren Freunden für Abwechslung und Unterhaltung, wann immer das Schreiben mühsam wurde,
- und unseren Familien für ihr Verständnis und breite Unterstützung.

Anliegen dieses Buches ist es, landwirtschaftliche Familien in ihren kommunikativen und unternehmerischen Kompetenzen zu stärken. So sehr wir dabei das Individuum in den Blick nehmen, so wichtig ist es uns, genau dadurch ein konstruktives und produktives Miteinander zu ermöglichen. Nur im Miteinander wird es uns gelingen, die Herausforderungen einer dynamischen, komplexen und unbeständigen Welt zu meistern. Persönliches Wachstum hilft beim Zusammenleben in der Familie, in der Partnerschaft und zwischen den Generationen. Nachbarschaftlichkeit ist uns wichtig, denn der Nach-Bar war ursprünglich der nächste Bauer! Wir wünschen uns ein gutes Miteinander, gedeihende Kooperationen und eine faire Honorierung auch entlang der Wertschöpfungskette der Landwirtschaft – nur so gibt es tragfähige Lösungen, zum Beispiel im Bereich Tierwohl, und wir setzen uns ein für ein fruchtbares Miteinander von Landwirtschaft und Gesellschaft, weil eine multifunktionale Landwirtschaft die Wertschätzung und Unterstützung aller gesellschaftlichen

Kräfte benötigt. Gemeinsam stark – das ist uraltes Kulturwissen von Bauern weltweit und zu allen Zeiten.

Ein Lied heißt: „*Never walk alone*". Das Miteinander ist eine Grundhaltung, die bei jedem beginnt, sich über alle Lebens- und Arbeitsbereiche erstreckt und ausstrahlt in die Gesellschaft hinein.

Oftmals haben wir Erwachsenen den Eindruck, Glück und persönliche Zufriedenheit wären an passende Rahmenbedingungen geknüpft: ein großer Hof, Ansehen im Dorf, Bestätigung durch die Gesellschaft. Unsere Vorstellungen im Kopf sind es, die bestimmen, wie wir uns selbst und andere sehen und wie wir miteinander umgehen. Sie bestimmen, ob wir anderen vertrauen oder nicht, was wir erwarten und wie wir reagieren. Mein Glück kann ich jedoch ein gutes Stück weit beeinflussen, indem ich mich entscheide, das Gute zu sehen und zu nähren – in mir und um mich herum. Wie leicht fällt es uns meist, das Negative zu sehen. Beinahe gemütlich lehnen wir uns manchmal zurück in Frust, Missgunst und Eifersucht. Schnell sind wir der Meinung, jemand anderes sei Schuld an unserem Unglück. Aber macht das nicht unfrei? Wir haben die Wahl: Ich kann mich entscheiden, eine spitze Bemerkung zu überhören, ich kann mich entscheiden, eine Bitte aussprechen anstatt Vorwürfe zu machen, und ich kann mich entscheiden, das Gespräch zu suchen, statt mich in negative Gedanken zu verkriechen. Das alles macht frei und nährt ein friedvolles, erfüllendes und gesundes Miteinander.

Dieses Buch kann und will zu einer lebendigen Beziehungsdynamik beitragen: Kinder streiten und spielen trotzdem wieder einträchtig miteinander. Warum? Weil ihnen Glück wichtiger ist als Stolz.

Zum Abschluss möchten wir Ihnen eine alte Weisheitsgeschichte erzählen:

Ein betagter Indianer sitzt mit seiner Enkeltochter am Lagerfeuer. Das Mädchen fragt: „*Sag mal Großvater, kannst du mir sagen, was in unserem Inneren, in unserer Seele vor sich geht?*" Der alte Mann schaut nachdenklich in die Flammen und antwortet nach einer Weile: „*Liebes Kind, jeder Mensch trägt zwei Wölfe in sich. Einer verkörpert das Gute, die Liebe, die Freude, die Güte, das Mitgefühl, die Hilfsbereitschaft, das Verzeihen, die Hoffnung, die Dankbarkeit, das Vertrauen und die Gelassenheit. Der andere verkörpert alles Schwierige in uns – Missgunst, Hass, Gier, Überheblichkeit, Rücksichtslosigkeit. Diese beiden Wölfe wohnen in unserem Herzen, umkreisen einander und streiten sich fortwährend.*" Die junge Frau sieht lange in die Glut des erlöschenden Feuers, schließlich fragt sie leise: „*Und – welcher der beiden Wölfe gewinnt?*" Der alte Indianer lächelt, legt seinen Arm um die Schultern der Enkelin und sagt: „*Der, den du fütterst.*"

Wir Menschen haben die Freiheit, uns jeden Tag aufs Neue zu entscheiden, welchen Wolf wir in unserem Inneren füttern. Für Ihr Miteinander in der Partnerschaft, in der Familie, im Betrieb, in der Nachbarschaft und in der Gesellschaft wünschen wir Ihnen alles Gute, Gottes Segen und viel Erfolg.

Verwendete Literatur

Agrarbündnis e. V. (2010): Nebenerwerb hat Zukunft. Gegenwart und Potenziale einer unterschätzten Betriebs- und Lebensform. In: Der kritische Agrarbericht, S. 51–58.

Albrecht, Hartmut; Nassal, Josef (1992): Beratung existenzgefährdeter landbewirtschaftender Familien. Bedeutung, Probleme, Erfahrungen. In: Berichte über Landwirtschaft, Zeitschrift für Agrarpolitik und Landwirtschaft 70 (2), S. 240–252.

Asen, Eia (2013): So gelingt Familie. Hilfen für den alltäglichen Wahnsinn. 2., unveränd. Aufl. Heidelberg: Auer (LebensLust).

Bandura, Albert (2012): Self-efficacy. The exercise of control. 13. printing. New York, NY: Freeman.

Becker, Markus (2010): Liebe im Alter. Jahreszeiten der Beziehung. In: Badische Zeitung online, 30.04.2010.

Bergner, Thomas M. H. (2012): Burnout-Prävention. Sich selbst helfen – das 12-Stufen-Programm. 2., überarb. und aktualisierte Aufl., 2. unveränd. Nachdruck 2012. Stuttgart: Schattauer.

Birkenbihl, Vera F. (2015): Kommunikationstraining. Zwischenmenschliche Beziehungen erfolgreich gestalten. 35. Aufl. München: Mvg-Verl. (mvg-Paperbacks, 304).

Bodenmann, Guy (2016): Bevor der Stress uns scheidet. Resilienz in der Partnerschaft. 2., unveränderte Auflage. Bern: Hogrefe.

Bucher, Anton A. (2009): Psychologie des Glücks. Weinheim: Beltz.

Bundesarbeitsgemeinschaft der Landwirtschaftlichen Familienberatungen und Sorgentelefone (2007): Generationskonflikte auf landwirtschaftlichen Betrieben. Ihre Bedeutung und Bearbeitung aus systemischer Sicht; Dokumentation einer internationalen Tagung im Christian-Jensen-Kolleg in Breklum 26. bis 29. Juni 2006. Kiel: Neue Nieswand Druck.

Bure zum Alange (2015): Bauern zum Anfassen. erhältlich unter http://www.badische-bauern-zeitung.de/die-bure-zum-alange-mal-nicht-live.

Burisch, Matthias (2014): Das Burnout-Syndrom. Theorie der inneren Erschöpfung – zahlreiche Fallbeispiele – Hilfen zur Selbsthilfe. 5., überarb. Aufl. Berlin: Springer.

Burisch, Matthias (2015): Dr. Burischs Burnout-Kur – für alle Fälle. Anleitungen für ein gesundes Leben; mit 1 Tabelle. 1. Aufl. 2015. Berlin, Heidelberg, s.l.: Springer, Berlin Heidelberg.

Dabbert, Stephan; Braun, Jürgen (2012): Landwirtschaftliche Betriebslehre. 3., korr. Aufl. Stuttgart: UTB GmbH.

Deutscher Landwirtschaftsverlag GmbH (Hg.) (2015): Hofnachfolge und Existenzgründung in der Landwirtschaft. 3. Aufl. München. Online verfügbar unter https://www.rentenbank.de/dokumente/Broschuere_BDL_Hofnachfolge.pdf.

Dirksen, Anne (2006): Betriebsaufgabe. Den Neuanfang wagen. Bonn: aid infodienst Ernährung Landwirtschaft und Verbraucherschutz e. V. (AID, 1240).

Dirscherl, Clemens (2006): Liebe vergeht – Hektar besteht? Wie Junglandwirte ihre künftige Partnerin sehen. In: Landinfo – Infodienst Landwirtschaft, Ernährung, ländlicher Raum Baden-Württemberg (7), S. 34–35.

Doluschitz, Reiner; Morath, Clemens; Pape, Jens (2011): Agrarmanagement. Unternehmensführung in Landwirtschaft und Agribusiness; 21 Tabellen; 21 Übersichten. Stuttgart: Verlag Eugen Ulmer (Grundwissen Bachelor, 3587).

Elder, Glen H.; Conger, Rand D. (2014): Children of the Land. Adversity and Success in Rural America. Chicago: University of Chicago Press (MF-Studies on Successful Adolescent Deve).

Evangelisches Bauernwerk in Württemberg e. V. (2016): Materialien für Betriebe ohne Hohnachfolge. Unter Mitarbeit von Angelika Sigel, Veronika Grossenbacher und Bernd Meyer zu Berstenhorst. Waldenburg-Hohebuch. Erhältlich unter www.hohebuch.de.

Evangelisches Bauernwerk in Württemberg e. V. (2016): Materialien zur Hofübergabe. Unter Mitarbeit von Dieter Druschel, Dieter Eitel, Veronika Grossenbacher, Bernd Meyer zu Berstenhorst und Angelika Sigel. Waldenburg-Hohebuch. Erhältlich unter www.hohebuch.de.

Fieß-Heizmann, Edelgard (2011): Frauen in der Landwirtschaft. Aktuelle Debatten aus Wissenschaft und Praxis. In: Landinfo – Infodienst Landwirtschaft, Ernährung, ländlicher Raum Baden-Württemberg (3), S. 30–31.

Focken, Thomas (2010): Generationswechsel. Genügt es, das Unternehmen zu beraten? In: B&B agrar (1), S. 20–22.

Freudenberger, H. J. (1974): Staff Burn-out. In: Journal of Social Issues 30 (1), S. 159–238.

Frieling-Huchzermeyer, Ute (1998): Jung und Alt auf dem Hof. Starkes Team oder heimliche Konkurrenten? In: Top Agrar (12), S. 106–111.

Galbraith, John Kenneth (2005): Die Ökonomie des unschuldigen Betrugs. Vom Realitätsverlust der heutigen Wirtschaft. München: Siedler.

Garmissen, Bernd von (2011): Hofübergabe. Die 5 goldenen Regeln. In: Top Agrar (1), S. 26–34.

Geißler, Rainer; Meyer, Thomas (2011): Die Sozialstruktur Deutschlands. Zur gesellschaftlichen Entwicklung mit einer Bilanz zur Vereinigung. 6. Auflage. Wiesbaden: VS Verlag für Sozialwissenschaften / Springer Fachmedien Wiesbaden GmbH, Wiesbaden.

Glasl, Friedrich (1992): Konflikt-Management. Ein Handbuch zur Diagnose und Behandlung von Konflikten für Organisationen und ihre Berater. 3. Auflage. Bern: Haupt (Organisationsentwicklung in der Praxis, 2).

Goldbrunner, Hans (2007): Theorie und Praxis der landwirtschaftlichen Familienberatung. Ein Beitrag zur Humanisierung des Agrarwandels. Berlin: LIT (Lebenswenden. Interdisziplinäre Perspektiven, 2).

Gottman, John Mordechai; Silver, Nan; Dahmann, Susanne (2014): Die 7 Geheimnisse der glücklichen Ehe. Neuausg., 1. Aufl. Berlin: Ullstein.

Haubl, Rolf; Daser, Bettina (2006): Familiendynamik in Familienunternehmen: Warum sollten Töchter nicht erste Wahl sein? Abschlussbericht.

Heistinger, Andrea (2012): Den Hof an einen „Fremden" übergeben? Hofübergabe außerhalb der Familie. Online verfügbar unter www.andrea-heistinger.at.

Helmle, Simone (Hrsg.) (2010): Selbst- und Fremd-wahrnehmung der Landwirtschaft; Weikersdorf: Margraf

Hildenbrand, Bruno (2008): Krisen der Landwirtschaft und ihre Bewältigung. Die Perspektive der Resilienz. In: Sozialwissenschaftliches Journal Nr. 6 III (1), S. 27–42.

Hingst, Kathrin (2011): Hofübergabe. Wer steht wo? In: Top Agrar (1), S. 156–162.

Hirschhausen, Eckart von (2009): Soße an Kopf-Salat. Spiegel Wissen (1).

Hoffmann, Vanessa (2016): Burnout in der Landwirtschaft. In: Soziale Sicherheit in der Landwirtschaft (1), S. 15–29.

Hoffmann, Volker (Hg.) (2001): Beratung von Familien mit existenzgefährdeten Betrieben in der Landwirtschaft. Weikersheim: Margraf.

Hötger, Andrea (2009): Bäuerinnen in der Lebensmitte. Biografische Zusammenhänge ihrer Lebenskonflikte und deren Konsequenzen für den Bildungsbegriff in Landvolkshochschulen.

Huith, Michael (1996): Betriebsmanagement für Landwirte. Existenzsicherung für Betriebe und Unternehmen. München: BLV.

Jellouschek, Hans (2009): Wie Partnerschaft gelingt. Spielregeln der Liebe; Beziehungskrisen sind Entwicklungschancen. Neuausg. Freiburg: Herder (Herder-Spektrum Bibliothek der Beziehungskunst, 6079).

Jellouschek, Hans (2014): Paartherapie. Damit die Liebe bleibt. Freiburg im Breisgau: Kreuz.

Johannes, Martina (2013): Hofübergabe und Existenzgründung. 3. Aufl. Bonn: aid infodienst Ernährung Landwirtschaft Verbraucherschutz (AID, 1186).

Johannes, Martina; Pluhar, Katarina (2017): Ehe- und Erbrecht in der Landwirtschaft. 5. Auflage. Bonn: aid infodienst Ernährung Landwirtschaft Verbraucherschutz (AID, 1202).

Landesanstalt für Entwicklung der Landwirtschaft und der Ländlichen Räume (2012): Notfallcheck für landwirtschaftliche Familienbetriebe in Baden-Württemberg. GQS-BW. Schwäbisch Gmünd

Maurer, Heinrich (2011): Landwirtschaftliche Erfolgsbetriebe. 15 Tabellen; von Top-Betrieben lernen – Fehler vermeiden. Stuttgart: Ulmer (Agrarwissenschaften Edition 2014).

Mey, Reinhard: Wir: Farben. Online verfügbar unter www.reinhard-mey.de.

Meyer-Mansour, Dorothee (1993): Verunsichert? Zur Lebenslage der Familien auf dem Lande. In: KIRCHE im ländlichen Raum 44 (4), S. 123–127.

Moeller, Michael Lukas (2002): Die Liebe ist das Kind der Freiheit. 12. Aufl. Reinbek bei Hamburg: Rowohlt-Taschenbuch-Verlag.

Müller, Sascha (2015): Kommunikation als Voraussetzung gelingenden Übergebens und Erbens. In: KIRCHE im ländlichen Raum (Jahresheft), S. 15–18.

Nödl, Michael (2014): Damit der Übergabevertrag Hand und Fuß hat. In: Badische Bauernzeitung extra (Sonderdruck der sechsteiligen BBZ-Serie Hofübergabe), S. 8–10.

Prior, Manfred (2015): MiniMax-Interventionen. 15 minimale Interventionen mit maximaler Wirkung. Unter Mitarbeit von Dieter Tangen. 12., überarbeitete Auflage. Heidelberg: Carl-Auer Verlag.

Riehl, Silvia (2015): Schwiegermutter – Schwiegertochter. Ein ewiger Konflikt? In: Top Agrar (11), S. 156–161.

Riehl, Silvia (2016): Heute schon gelobt? In: Top Agrar (8), S. 124–127.

Rose, Anja (2013): Stadtfrau wird Bäuerin. In: Top Agrar (11), S. 168–171.

Rosenberg, Marshall B. (2013): Gewaltfreie Kommunikation. Eine Sprache des Lebens; gestalten Sie Ihr Leben, Ihre Beziehungen und Ihre Welt in Übereinstimmung mit Ihren Werten. 11. Aufl. Paderborn: Junfermann (Kommunikation : Gewaltfreie Kommunikation).

Satir, Virginia (2008): Mein Weg zu dir. Kontakt finden und Vertrauen gewinnen. 9., durchges. Aufl. München: Kösel.

Schlippe, Arist von (2014): Das kommt in den besten Familien vor. Systemische Konfliktberatung in Familien und Familienunternehmen. Stuttgart: Concadora Verlag.

Schlippe, Arist von; Buberti, Constanze; Groth, Thorsten; Plate, Markus (2009): Die zehn Wittener Thesen. Familienunternehmen: Chancen und Risiken einer besonderen Unternehmensform (WIFU-Praxisleitfaden, 7). Online verfügbar unter www.wifu.de/downloads/praxisleitfaden/.

Schlippe, Arist von; Klein, S. (2010): Familienunternehmen. Blinder Fleck der Familientherapie. In: Familiendynamik 35 (1), S. 10–21.

Schüle, Eva-Maria (2013): Ehe im Oikos. Das wirtschaftende Paar im Fokus der Landwirtschaftlichen Familienberatung. Weikersheim: Margraf (Kommunikation und Beratung, 107).

Schulz von Thun, Friedemann (2014): Miteinander reden: 1. Störungen und Klärungen: allgemeine Psychologie der Kommunikation. Reinbek bei Hamburg: Rowohlt-Taschenbuch-Verlag.

Schulz von Thun, Friedemann (2014): Miteinander reden: 2. Stile, Werte und Persönlichkeitsentwicklung: Differenzielle Psychologie der Kommunikation. Reinbek bei Hamburg: Rowohlt-Taschenbuch-Verlag.

Schulz von Thun, Friedemann (2014): Miteinander reden: 3. Das „Innere Team" und situationsgerechte Kommunikation: Kommunikation, Person, Situation. Reinbek bei Hamburg: Rowohlt-Taschenbuch-Verlag.

Seiwert, Lothar J. (2000): Selbstmanagement. Persönlicher Erfolg, Zielbewusstsein, Zukunftsgestaltung. 9. Aufl., 24.–25. Tsd. Offenbach: GABAL.

Selye, Hans (1976): Stress in Health and Disease. Burlington: Elsevier Science.

Siegel, Ulrike (Hg.) (2009): Boden unter den Füßen. Bauernsöhne erzählen ihre Geschichte. Münster-Hiltrup: LV-Buch.

Sigel, Angelika (2014): Kleine Auszeiten zum Alltag gestalten. In: BWagrar (26), S. 9.

Simon, Fritz B. (2012): Einführung in die Theorie des Familienunternehmens. 1. Aufl. Heidelberg: Carl-Auer-Verlag.

Sozialversicherung für Landwirtschaft, Forsten und Gartenbau (Hg.) (2016): Landwirtschaftliche Krankenversicherung. Versicherung, Leistungen, Beiträge. Kassel.

Statistisches Bundesamt (2011): Hofnachfolge in landwirtschaftlichen Betrieben der Rechtsform Einzelunternehmen. Landwirtschaftszählung 2010: Wiesbaden.

Steinhauser, Hugo; Langbehn, Cay; Peters, Uwe (1978): Einführung in die landwirtschaftliche Betriebslehre. 2. Aufl. Stuttgart: Ulmer (Uni-Taschenbücher, 113).

Stierlin, Helm (2007): Gerechtigkeit in nahen Beziehungen. Systemisch-therapeutische Perspektiven. 2. Aufl. Heidelberg: Auer.

Thomann, Christoph; Schulz von Thun, Friedemann (2014): Handbuch für Therapeuten, Gesprächshelfer und Moderatoren in schwierigen Gesprächen. 7. Aufl. Reinbek bei Hamburg: Rowohlt-Taschenbuch-Verl. (rororo Miteinander Reden, 61476).

Tinz, Sigrid (2016): Ein Leben ohne Konflikte gibt es nicht. In: Badische Bauernzeitung (38), S. 38–39.

Top Agrar (Hg.) (2010): Traumberuf Bäuerin? Ergebnisse der großen Bäuerinnen-Umfrage. Top Agrar. Münster.

Ueberle-Pfaff, Maja (2009): Was nach dem Erziehen kommt. Die Chancen einer erwachsenen Beziehung zwischen Eltern und Kindern. Stuttgart: Kreuz.

Vieth, Christian; Thomas, Frieder (2013): Hofnachfolger gesucht – und vorhanden. Vorschläge für eine gezielte Unterstützung von jungen Landwirten. In: Der kritische Agrarbericht, S. 58–63.

Watzke, Ed (2008): „Wahrscheinlich hat diese Geschichte gar nichts mit Ihnen zu tun ..." Geschichten, Metaphern, Sprüche und Aphorismen in der Mediation. 2. unveränd. Aufl. Mönchengladbach: Forum-Verl. Godesberg.

Watzlawick, Paul; Beavin, Janet H.; Jackson, Don D. (2011): Menschliche Kommunikation. Formen, Störungen, Paradoxien. 12. Aufl. [S.l.]: Verlag Hans Huber.

Welter-Enderlin, Rosmarie (1999): Wie aus Familiengeschichten Zukunft entsteht. Neue Wege systemischer Therapie und Beratung. Freiburg im Breisgau: Herder.

Wichert von Holten, Stephan (2007): Der strukturgewandelte Mann. Oder: Was brauchen Männer von heute für die Landwirtschaft von morgen? In: Der kritische Agrarbericht, S. 253–258.

Witter, Hermann (2017): Die Hofübergabe – ein neues gottesdienstliches Ritual. Kirchlicher Dienst der Evangelischen Landeskirche in Baden. Online verfügbar unter www.ekiba.de/hofuebergabe-ritual.

Wolter, Birgit (2004): Resilienzforschung. Das Geheimnis der inneren Stärke. In: Katholische Beratungsstelle für Ehe-, Familien- und Lebensfragen, Köln. Online verfügbar unter www.elf-koeln.de.

Wonneberger, Eva (1995): Modernisierungsstress in der Landwirtschaft, oder Was hat die abgepackte Milch mit der Bäuerin zu tun? Pfaffenweiler: Centaurus-Verlagsgesellschaft (Beiträge zur gesellschaftswissenschaftlichen Forschung, Bd. 14).

Zeit online (1960): Der Bauernhof der Zukunft. „Dreizehn Hektar schaffe ich allein" – Flurbereinigung und Aussiedlung bieten bessere Arbeitsbedingungen (41). Online verfügbar unter http://www.zeit.de/1960/41/der-bauernhof-der-zukunft/komplettansicht.

Zukunftsstiftung Landwirtschaft (Hg.) (2008): Höfe gründen und bewahren. Ein Leitfaden für außerfamiliäre Hofübergaben und Existenzgründungen in der Landwirtschaft. Unter Mitarbeit von Cornelia Röckl, Frieder Thomas und Christian Vieth. Kassel: Univ. Press.

Die in diesem Buch enthaltenen Empfehlungen und Angaben sind von der Autorin/vom Autor mit größter Sorgfalt zusammengestellt und geprüft worden. Eine Garantie für die Richtigkeit der Angaben kann aber nicht gegeben werden. Autorin/Autor und Verlag übernehmen keine Haftung für Schäden und Unfälle. Bitte setzen Sie bei der Anwendung der in diesem Buch enthaltenen Empfehlungen Ihr persönliches Urteilsvermögen ein. Der Verlag Eugen Ulmer ist nicht verantwortlich für die Inhalte der im Buch genannten Websites.

Bildquellen

Die Illustrationen erstellte Monika Klars, teilweise nach Vorlagen der Autoren.

Bibliografische Information der Deutschen Nationalbibliothek
Die Deutsche Nationalbibliothek verzeichnet diese Publikation in der Deutschen Nationalbibliografie; detaillierte bibliografische Daten sind im Internet über http://dnb.d-nb.de abrufbar.

Wollgrasweg 41, 70599 Stuttgart (Hohenheim)
E-Mail: info@ulmer.de
Internet: www.ulmer-verlag.de
Lektorat: Sabine Grobis, Anna Häusler
Herstellung: Gabriele Wieczorek
Umschlagentwurf und Satz: Atelier Reichert, Stuttgart
Druck und Bindung: Westermann-Druck, Zwickau
Printed in Germany

ISBN 978-3-8186-0069-3